数据科学·实验与案例指导系列丛书

U0290822

运 筹 学

实验与案例指导

许 岩 永 贵　王利明　主 编

李明远　张新艳　娜 仁　副主编

电子工业出版社

Publishing House of Electronics Industry

北京·BEIJING

内 容 简 介

随着计算机软件的发展，许多复杂的计算可以由计算机完成。本书讲述了运筹学的基础知识和相关算法，主要介绍了与运筹学问题求解密切相关的 LINDO、Lingo、WinQSB、MATLAB 软件的使用方法。其主要内容包括运筹学实验软件简介及操作、线性规划实验、对偶理论与灵敏度分析实验、整数规划实验、运输问题与指派问题实验、目标规划实验、动态规划实验、图与网络分析实验、排队论实验和博弈论实验。本书提供**配套教学课件及习题参考答案**，读者可登录**华信教育资源网**（**www.hxedu.com.cn**）免费下载。

本书可作为高等学校数学与应用数学、信息与计算科学、统计学等专业本科生的"运筹学"或"最优化方法"实验课程的教材或参考书，也可作为管理类、经济类及工科类专业本科生"运筹学"实验课程的教材或参考书，还可作为相关专业研究生的实验教材或参考书，或者作为"数学建模"课程的参考书或辅导教材；对于从事相关专业的工程技术人员和经济管理人员，本书介绍的各种软件的使用和操作方法也可为其提供帮助。

图书在版编目（CIP）数据

运筹学实验与案例指导 / 许岩等主编. —北京：电子工业出版社，2023.8

ISBN 978-7-121-46128-6

Ⅰ. ①运… Ⅱ. ①许… Ⅲ. ①运筹学－高等学校－教材 Ⅳ. ①O22

中国国家版本馆 CIP 数据核字（2023）第 153800 号

责任编辑：秦淑灵　　　　　特约策划：秦　静
印　　刷：三河市兴达印务有限公司
装　　订：三河市兴达印务有限公司
出版发行：电子工业出版社
　　　　　北京市海淀区万寿路 173 信箱　　　　邮编：100036
开　　本：787×1092　　1/16　　印张：14.75　　字数：357 千字
版　　次：2023 年 8 月第 1 版
印　　次：2023 年 8 月第 1 次印刷
定　　价：45.00 元

凡所购买电子工业出版社图书有缺损问题，请向购买书店调换。若书店售缺，请与本社发行部联系，联系及邮购电话：(010)88254888，88258888。

质量投诉请发邮件至 zlts@phei.com.cn，盗版侵权举报请发邮件至 dbqq@phei.com.cn。

本书咨询联系方式：qinshl@phei.com.cn。

前　言

习总书记在中国共产党第二十次全国代表大会上所做的报告《高举中国特色社会主义伟大旗帜 为全面建设社会主义现代化国家而团结奋斗》中强调"我们要坚持教育优先发展、科技自立自强、人才引领驱动，加快建设教育强国、科技强国、人才强国"，运筹学被称作"大数据时代的决策模块"，在新征程上，将做出新贡献。

运筹学是经济管理类专业的一门重要专业基础课。它是 20 世纪 30 年代初发展起来的一门学科，其主要目标是在决策时为管理人员提供科学依据，是实现有效管理、正确决策和现代化管理的重要方法之一，是经济管理类各专业专、本科生和研究生的主干课、学位课。

本书从适应经济管理类专业培养学生的应用能力需要出发，把目前运筹学领域最典型的四种工具软件 LINDO、Lingo、WinQSB 和 MATLAB 全面引入实验实践教学，较详细地介绍了四种工具软件的使用和操作，并对一系列运筹学分支问题进行了建模与计算实验。通过在实验内容中引入不同计算工具，对比分析相互间的差异，加深读者对运筹学问题建模、求解过程及计算方法的感悟和理解，从而使读者掌握基本的运筹学理论方法、计算方法和工具。每章均包含基础知识、实验目的、实验内容、实验步骤及对应的典型例题与练习题，以期辅助读者逐步掌握运筹学通用的建模方法和计算工具。

全书共 10 章，内容包括运筹学实验软件简介及操作、线性规划实验、对偶理论与灵敏度分析实验、整数规划实验、运输问题与指派问题实验、目标规划实验、动态规划实验、图与网络分析实验、排队论实验和博弈论实验。本书内容深入浅出、通俗易懂，将数学模型、基本理论、算法、应用背景、例题及相应的计算软件相结合，可使读者对运筹学有一个全面的认识。

本书由许岩、永贵和王利明担任主编，参与编写工作的还有李明远、张新艳、娜仁、邢利刚、苏诺尔、张静、郑剑飞。

电子工业出版社和内蒙古财经大学有关部门及领导对本书的编写给予了大力支持，在此，表示衷心感谢！在本书编写过程中，参考了国内外有关文献资料，在此对其作者一并表示感谢！

鉴于编者水平有限，书中存在缺点和错误在所难免，殷切希望同行、专家和读者批评指正。

编　者

目　录

第1章 运筹学实验软件简介及操作

1.1 运筹学实验目标和软件概述

1.1.1 运筹学实验目标

运筹学（Operations Research）是一门应用学科，至今还没有统一的定义。莫尔斯（Morse）和金博尔（Kimball）曾对运筹学下定义："为决策机构在对其控制下业务活动进行决策时，提供以数量化为基础的科学方法。"《中国企业管理百科全书》中运筹学的释义："运筹学运用分析、试验、量化的方法，对经济管理系统中人、财、物（时间）等有限资源进行统筹安排，为决策者提供有依据的最优方案（满意方案），以实现最有效的管理。"

我国古代有很多有关运筹学的思想方法的典故。例如，田忌赛马、丁谓建宫等故事就充分说明了我国不仅很早就有了朴素的运筹学思想，而且已在生产实践中运用了运筹学方法。运筹学作为一门现代学科是在第二次世界大战期间发展起来的，早期主要用于研究军事领域问题，成功地解决了当时许多重要的作战问题。第二次世界大战以后，运筹学得到了快速发展，除军事方面的应用研究外，其相继在工业、农业、经济和社会等领域应用，形成了许多分支，如数学规划（线性规划、非线性规划、整数规划、目标规划、动态规划、随机规划等），图与网络，排队论，存储论，决策论，博弈论，等等。此外，计算机的迅猛发展和广泛应用，使得运筹学的方法能解决大量经济管理中的决策问题，极大地推动了运筹学的应用与普及。今天，运筹学的应用已涉及服务、管理、规划、决策、组织、生产、建设等诸多方面，甚至可以说，很难找出它涉及不到的领域。

运筹学的特点：①运筹学已被广泛应用于工商企业、军事部门、民政事业等研究组织内的统筹协调问题，故其应用不受行业、部门的限制；②运筹学既对各种经营进行创造性的科学研究，又涉及组织的实际管理问题，具有很强的实践性，最终能向决策者提供建设性意见，并收到实效；③它以整体最优为目标，从系统的观点出发，力图以整个系统最佳的方式来解决该系统各部门之间的利害冲突。它对所研究的问题求出最优解，寻求最佳的行动方案，所以也可把它看成一门优化技术，提供的是解决各类问题的优化方法。

运筹学作为一门用来解决实际问题的学科，在处理千差万别的问题时，一般要经历以下几个步骤：阐述问题、建立模型、求解模型、解的检验和修改、解的实施。

在实践中，求解运筹学问题的主要算法是优化算法。根据优化算法理论发展与算法原型将现有的优化算法分为两大类：经典优化算法和启发式优化算法。这两类优化算法都是迭代算法。对于规模较小的部分问题，可通过手工计算的方法求解。但是在问题规模较大时，计算量往往大得难以承受，不可能采用手工方法进行计算。幸好，现在已经有很多种计算机软件可以用来求解相当复杂的大型运筹学问题，如 LINDO、Lingo、WinQSB、MATLAB 等。

运筹学实验是本科生"运筹学"课程的上机操作实验，实验的内容是本科阶段所学运筹学的所有内容，主要包括线性规划、整数规划、运输问题、目标规划、动态规划、图与网络、排队论、决策论、博弈论等。实验目的在于使学生掌握应用计算机工具对运筹学模型优化求解的方法步骤，熟悉各种运筹学优化软件的使用，特别是常见优化软件（如 Lingo、WinQSB、MATLAB 等）功能的使用，为今后在实际工作中建立大型问题优化模型奠定基础。同时，通过熟悉优化软件的操作激发学生的学习兴趣，加深学生对运筹学基本理论的理解，提高本课程的教学效果。

1.1.2 运筹学实验软件概述

1.1.2.1 LINDO/Lingo

美国芝加哥大学的 Linus Schrage 教授于 1980 年前后开发了一套专门用于求解最优化问题的软件包，后来又对其进行了多年的不断完善和扩充，并成立了 LINDO 系统公司（LINDO Systems Inc.）进行商业化运作，取得了巨大成功。这款软件的主要产品有四种：LINDO、Lingo、LINDO API 和 What's Best!，在最优化软件市场中占有很大份额，尤其在供微机使用的最优化软件市场中，上述软件产品具有绝对的优势。用户可以从该公司主页了解软件的信息，还可以下载上述四种软件的演示版（试用版）和大量应用例子。演示版与正式版的基本功能是类似的，只是演示版能够求解问题的规模（即决策变量和约束条件的个数）受到严格限制，对于规模稍微大些的问题不能求解。即使对于正式版，通常也被分成求解包（Solver Suite）、高级版（Super）、超级版（Hyper）、工业版（Industrial）、扩展版（Extended）等不同档次的版本，不同档次版本的区别在于能够求解问题的规模不同（见表1-1，表中只列出了 Lingo 软件的规模限制）。

表 1-1　不同版本 Lingo 软件对求解规模的限制

版本类型	总变量数/个	整数变量数/个	非线性变量数/个	约束数/个
演示版	300	30	30	150
求解包	500	50	50	250
高级版	2000	200	200	1000
超级版	8000	800	800	4000
工业版	32000	3200	3200	16000
扩展版	无限	无限	无限	无限

LINDO 是英文 Linear Interactive and Discrete Optimizer 的缩写形式，即"交互式的线性离散优化求解器"，可以用来求解线性规划（Linear Programming，LP）和二次规划（Quadratic Programming，QP）问题。Lingo 是英文 Linear Interactive and General Optimizer 的缩写形式，即"交互式的线性和通用优化求解器"，它除具有 LINDO 软件的全部功能外，还可以用于求解非线性规划问题，也可以用于一些线性和非线性方程组的求解。LINDO 软件和 Lingo 软件的最大特色在于，可以允许决策变量是整数（即整数规划，包括 0-1 规划），而且执行速度很快。Lingo 实际上还是最优化问题的一种

建模语言，包括许多常用的数学函数，供使用者建立优化模型时调用，并可以接收其他数据文件（如文本文件、Excel 电子表格文件、数据库文件等），即使对优化方面的专业知识了解不多的用户，也能够方便地建模和输入、有效地求解和分析实际中遇到的大规模优化问题，通常能够快速得到复杂优化问题的高质量解。

此外，LINDO 系统公司还提供了 LINDO 和 Lingo 软件与其他开发工具（如 C++和 Java 等语言）的接口软件 LINDO API（LINDO Application Program Interface），于是 LINDO 和 Lingo 软件还能方便地融入到用户应用软件的开发中去。What's Best! 软件提供了 LINDO 和 Lingo 软件与电子表格软件（如 Excel 等）的接口，能够直接集成到电子表格软件中使用。因此，LINDO、Lingo 软件在教学、科研、工业、商业、服务等领域都得到了广泛的应用。

1.1.2.2 WinQSB

QSB 是 Quantitative Systems for Business 的缩写形式，早期的版本是在 DOS 操作系统下运行的，后来发展成为在 Windows 操作系统下运行的 WinQSB 软件。该软件是由美籍华人 Yih-Long Chang 和 Kiran Desai 共同开发的，可广泛应用于解决管理科学、决策科学、运筹学及生产管理等领域的问题。该软件界面设计友好，使用简单，使用者很容易学会操作方法并用它来解决管理和商务问题，表格形式的数据录入以及表格与图形形式的输出结果都给使用者带来极大方便，同时使用者只需要借助于软件中的帮助文件就可以学会每一步的操作。

1.1.2.3 MATLAB

MATLAB 是英文 Matrix Laboratory（矩阵实验室）的缩写形式，最早是由 C.Moler 用 FORTRAN 语言编写的，用来方便地调用 LINPACK 和 EISPACK 矩阵代数软件包的程序。后来 C.Moler 创立了 MathWorks 公司，对 MATLAB 软件做了大量的、卓有成效的改进。现在 MATLAB 软件已经更新至 2022 版。MATLAB 软件是目前为止最流行的科学计算工具之一，几乎覆盖了科学计算的所有领域，广泛应用于工程计算、控制设计、信号处理与通信、图像处理、信号检测、动态仿真、金融建模设计与分析等领域。

MATLAB 软件的优化工具箱（Optimization Toolbox）提供了对各种优化问题的完整的解决方案，其内容涵盖线性规划、二次规划、非线性规划、最小二乘、非线性方程求解、多目标决策、最小最大、半无限等优化问题。MATLAB 软件简洁的函数表达、多种优化算法的任意选择、对算法参数的自由设置，可使用户方便灵活地使用优化函数。除内部函数外，所有 MATLAB 软件的核心文件和工具箱文件都是可读可改的源文件，用户可修改源文件和加入自己的文件，扩展其功能。

1.2　LINDO 软件简介

LINDO 软件是由美国 LINDO 系统公司开发的用于解决优化问题的一种工具软件。LINDO 软件的特点是程序执行速度快，易于输入和输出，能够求解并分析线性规划、二次规划和整数规划等问题。

1.2.1 实验目的

（1）熟悉 LINDO 软件的安装和菜单、选项的各项功能。

（2）了解 LINDO 文件类型和常用函数。

1.2.2 实验内容

1.2.2.1 LINDO 软件的安装

LINDO 6.1 英文测试版可以从 LINDO 系统公司网站下载，该版本最多可以处理 150 个约束条件、300 个变量和 30 个整数变量的规划问题。

双击 lnd61.exe 安装文件，出现安装提示界面，根据提示，选择安装的目录安装即可。在本实验中，以 LINDO 6.1 英文测试版为例，学习 LINDO 软件的基本工作界面和操作。

1.2.2.2 LINDO 软件界面简介

打开 LINDO 软件后，可以看到软件界面上有标题栏、菜单栏、工具栏和编辑窗口，LINDO 软件界面如图 1-1 所示。

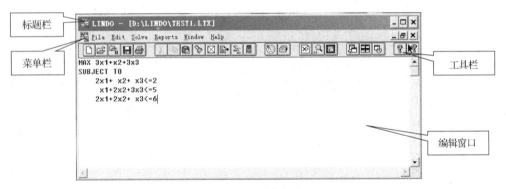

图 1-1　LINDO 软件界面

菜单栏上有"File"、"Edit"、"Solve"、"Reports"、"Window"和"Help"六个菜单，图 1-2～图 1-7 显示了每个菜单的选项，图中选项名称右侧是其快捷键。工具栏上的每个按钮与一个选项对应。下面对主要选项的功能进行简单说明，其余选项的功能与一般 Windows 菜单中的大致相同。

Log Output：打开或关闭记录日志文件。

Take Commands：打开和执行一个命令脚本文件。

Basis Read：读出这个基，并且从这个基开始继续运行单纯形法。

Basis Save：将单纯形法当前的基以指定的文件名和文件格式保存。

Title：显示当前模型标题。

Date：在报告窗口中显示当前日期。

Elapsed Time：显示所用时间。

```
New              F2
Open...          F3
View...          F4
Save             F5
Save As...       F6
Close            F7

Print            F8
Printer Setup... F9

Log Output...    F10

Take Commands... F11

Basis Read...    F12
Basis Save...    Shift+F2

Title            Shift+F3

Date             Shift+F4
Elapsed Time     Shift+F5

License

Exit             Shift+F6
```

图 1-2   "File" 菜单

```
Undo             Ctrl+Z

Cut              Ctrl+X
Copy             Ctrl+C
Paste            Ctrl+V
Clear            Del

Find/Replace...  Ctrl+F

Options...       Alt+O

Go To Line...    Ctrl+T

Paste Symbol...  Ctrl+P

Select All       Ctrl+A
Clear All

Choose New Font...
```

图 1-3   "Edit" 菜单

Options：设置 LINDO 系统运行的内部参数。

Go To Line：光标移动到指定的行。

Paste Symbol：在模型中插入"Paste Symbol"对话框中的符号。

Choose New Font：从"字体"对话框中选择需要显示的字体、字形和文字的大小。

```
Solve            Ctrl+S
Compile Model    Ctrl+E
Debug            Ctrl+D
Pivot...         Ctrl+N
Preemptive Goal  Ctrl+G
```

图 1-4   "Solve" 菜单

Solve：求解模型。

Compile Model：对模型进行编译。

Debug：分析线性规划问题无解和无界解的原因。

Pivot：由当前解出发进行一次单纯形法迭代。

Preemptive Goal：依次按照多个目标求解模型。

```
Solution...      Alt+0
Range            Alt+1
Parametrics...   Alt+2
Statistics       Alt+3
Peruse...        Alt+4
Picture...       Alt+5
Basis Picture    Alt+6
Tableau          Alt+7
Formulation...   Alt+8
Show Column...   Alt+9
Positive Definite
```

图 1-5   "Reports" 菜单

Solution：显示模型的解。

Range：显示解的灵敏度分析结果。

Parametrics：分析约束条件右端项变化时，最优值如何变化。

Statistics：显示当前模型的统计信息。

Peruse：按要求显示当前解的各种信息。

Picture：按照图形或文本方式显示模型中的非零系数。

Basis Picture：只显示当前基的非零系数。

Tableau：显示当前单纯形表。

Formulation：显示当前模型。

Show Column：显示模型中选定列的信息。

Positive Definite：判断二次规划的目标函数中的二次型是否正定。

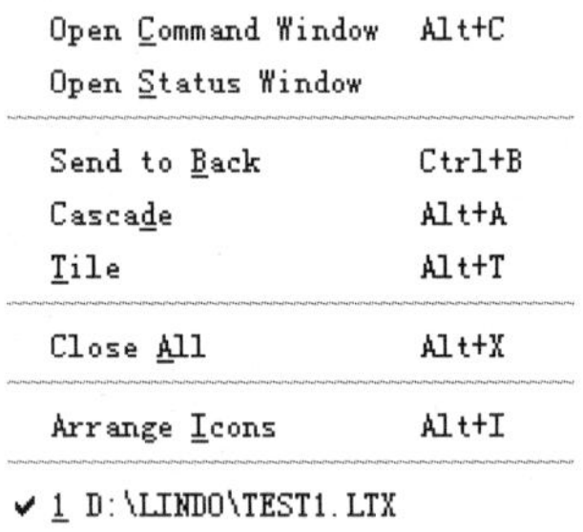

```
Open Command Window    Alt+C
Open Status Window

Send to Back           Ctrl+B
Cascade                Alt+A
Tile                   Alt+T

Close All              Alt+X

Arrange Icons          Alt+I

✔ 1 D:\LINDO\TEST1.LTX
```

图 1-6   "Window" 菜单

Open Command Window：打开命令窗口。

Open Status Window：打开状态窗口。

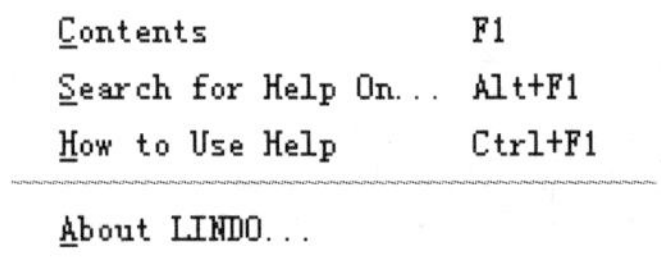

```
Contents               F1
Search for Help On...  Alt+F1
How to Use Help        Ctrl+F1

About LINDO...
```

图 1-7   "Help" 菜单

1.2.2.3　LINDO 软件的文件类型

LINDO 有模型文件和求解文件两种类型的文件格式。前者有模型文件，后缀为.ltx；LINDO Packed 文件，后缀为.lpk；MPS 格式文件，后缀为.MPS。后者有 PUNCH 格式文件，后缀为.pun；FBS 格式文件，后缀为.fbs；SDBC 格式文件，后缀为.sdb。

1.2.2.4　LINDO 软件的常用函数

FREE x：表示变量 x 可取任意实数。

GIN x：表示变量 x 取非负整数。

INT x：表示变量 x 取 0 或 1。

SLB x L：表示变量 x 的下界为 L。

SUB x U：表示变量 x 的上界为 U。

TITLE Title：定义模型名称为<Title>。

1.3　Lingo 软件简介

Lingo 软件与 LINDO 软件是 LINDO 系统公司的同一系列软件工具。Lingo 软件除了具有 LINDO 软件的全部功能，还可以用于求解非线性规划问题，也可以用于一些线性和非线性方程组的求解。Lingo 软件包含了内置的建模语言和许多常用的数学函数，可供使用者在编辑程序时调用，而且提供了与其他数据文件的交互接口，方便输入、求解和分析大规模优化计算问题，从而被广泛应用在生产与销售规划、运输、财务金融、投资分配、资本预算、混合排程、库存管理、资源配置等领域中。

1.3.1　实验目的

（1）了解 Lingo 软件的安装、界面、文件类型和常用函数。

（2）能用 Lingo 软件与 Office 文档交换数据。

（3）了解 LINDO 软件和 Lingo 软件的区别。

1.3.2　实验内容

1.3.2.1　Lingo 软件的安装

Lingo 14.0 版本的安装很方便，直接运行 Lingo14.exe 安装文件，根据安装提示安装即可。Lingo 14.0 的测试版最多处理 150 个约束条件、300 个变量、30 个整数变量、30 个非线性形式和 5 个全局变量的规划问题。

1.3.2.2　Lingo 软件界面简介

打开 Lingo 软件后，可以看到软件界面上有标题栏、菜单栏、工具栏和编辑窗口，Lingo 软件界面如图 1-8 所示。

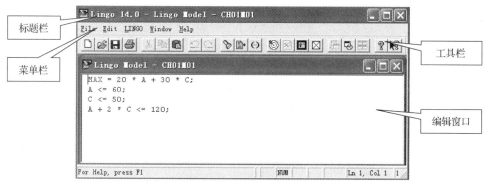

图 1-8　Lingo 软件界面

菜单栏上有"File"、"Edit"、"LINGO"、"Window"和"Help"五个菜单，图 1-9～图 1-14 显示了每个菜单的选项，图中选项名称右侧是其快捷键。工具栏上的每个按钮与一个选项对应。下面对主要选项的功能进行简单说明，其余选项的功能与 LINDO 软件和一般 Windows 菜单中的大致相同。

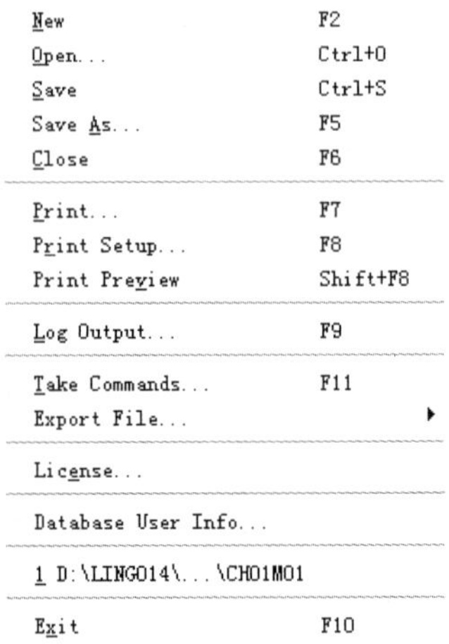

New	F2
Open...	Ctrl+O
Save	Ctrl+S
Save As...	F5
Close	F6
Print...	F7
Print Setup...	F8
Print Preview	Shift+F8
Log Output...	F9
Take Commands...	F11
Export File...	▶
License...	
Database User Info...	
1 D:\LINGO14\...\CH01M01	
Exit	F10

图 1-9 "File"菜单

Export File：输出文件（MPS 格式和 MPI 格式）。
Database User Info：数据库用户信息。

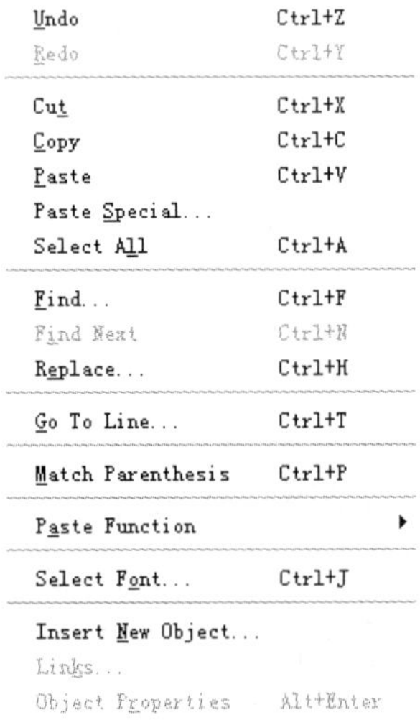

Undo	Ctrl+Z
Redo	Ctrl+Y
Cut	Ctrl+X
Copy	Ctrl+C
Paste	Ctrl+V
Paste Special...	
Select All	Ctrl+A
Find...	Ctrl+F
Find Next	Ctrl+N
Replace...	Ctrl+H
Go To Line...	Ctrl+T
Match Parenthesis	Ctrl+P
Paste Function	▶
Select Font...	Ctrl+J
Insert New Object...	
Links...	
Object Properties	Alt+Enter

图 1-10 "Edit"菜单

Paste Special：特殊粘贴。
Match Parenthesis：匹配小括号。
Paste Function：将 Lingo 的内部函数粘贴到插入点。

Insert New Object：插入新对象。

Solve	Ctrl+U
Solution...	Ctrl+W
Range	Ctrl+R
Options...	Ctrl+I
Generate	▶
Picture	▶
Debug	Ctrl+D
Model Statistics	Ctrl+E
Look...	Ctrl+L

图 1-11 "LINGO" 菜单

Solve：求解模型。

Solution：显示模型的解。

Range：显示解的灵敏度分析结果。

Options：选项，可设置求解模型的一些参数（见图 1-12）。

Generate：模型的一般形式。

Picture：模型的矩阵形式。

Debug：调试。

Model Statistics：模型统计。

Look：查看。

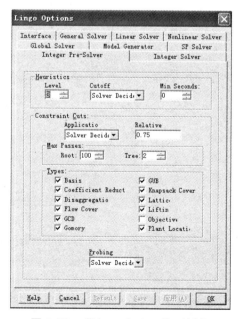

图 1-12 "Lingo Options" 对话框

Command Window	Ctrl+1
Status Window	Ctrl+2
Send To Back	Ctrl+B
Close All	Ctrl+3
Tile	Ctrl+4
Cascade	Ctrl+5
Arrange Icons	Ctrl+6
✔ 1 Lingo Model - CH01M01	

图 1-13 "Window" 菜单

Command Window：打开命令行窗口，在命令行窗口中可以获得命令行界面，在":"提示符后可以输入 Lingo 的命令行命令。

Status Window：打开求解状态窗口。

Help Topics

Register

AutoUpdate

About Lingo

图 1-14　"Help"菜单

1.3.2.3　Lingo 软件的文件类型

Lingo 软件的文件类型有模型文件（Lingo 格式，后缀为.lg4；文本格式，后缀为.lng）、Lingo 数据文件（后缀为.ldt）、Lingo 命令脚本文件（后缀为.ltf）、Lingo 报告文件（后缀为.ltx）和数学规划系统格式的模型文件（后缀为.mps）。

1.3.2.4　Lingo 软件的常用函数

Lingo 软件包含了内置的建模语言和许多常用的数学函数，可供使用者在编辑程序时调用。函数名和变量名不区分大小写，函数以"@"开头，变量名可以超过 8 个，不能超过 32 个，须以字母开头。

对变量的取值范围附加限制，如下所述。

@BND(L, X, U)：限制 X 大于等于 L，小于等于 U。

@BIN(X)：限制 X 为 0 或 1。

@FREE(X)：取消对 X 的符号限制（即可取负数、0 或正数）。

@GIN(X)：限制 X 为整数。

基本数学函数如下所述。

@ABS(X)：绝对值函数，返回 X 的绝对值。

@EXP(X)：指数函数（以自然对数 e 为底），返回 e^X 的值。

@LOG(X)：自然对数函数，返回 X 的自然对数值。

@POW(X,Y)：指数函数，返回 XY 的值。

@SQR(X)：平方函数，返回 X^2 的值。

@SQRT(X)：平方根函数，返回 X 的平方根。

@FLOOR(X)：取整函数，返回 X 的整数部分。

@COS(X)、@SIN(X)、@TAN(X)：三角函数。

@SMAX(X1,X2,…,Xn)：返回 X1,X2,…,Xn 中的最大值。

@SMIN(X1,X2,…,Xn)：返回 X1,X2,…,Xn 中的最小值。

@FILE('file')：从外部文件中输入数据，可以放在模型中任何地方，file 是文件名，可以采用相对路径和绝对路径两种表示方式。

@TEXT('file')：把解输出至文本文件中，file 是文件名，可以采用相对路径和绝对路径两种表示方式。逻辑运算符如下所述。

#not#：否定该操作数的逻辑值，是一种一元运算符。

#eq#：若两个运算数相等，则为 true；否则为 false。

#ne#：若两个运算符不相等，则为 true；否则为 false。

#gt#：若左边的运算符严格大于右边的运算符，则为 true；否则为 false。

#ge#：若左边的运算符大于或等于右边的运算符，则为 true；否则为 false。

#lt#：若左边的运算符严格小于右边的运算符，则为 true；否则为 false。

#le#：若左边的运算符小于或等于右边的运算符，则为 true；否则为 false。

#and#：仅当两个参数都为 true 时，结果为 true；否则为 false。

#or#：仅当两个参数都为 false 时，结果为 false；否则为 true。

Lingo 软件与 Excel 文件之间的数据传递：Lingo 软件可通过@OLE 函数实现与 Excel 文件传递数据，使用@OLE 函数既可以从 Excel 文件中导入数据，也能把计算结果写入 Excel 文件。

1）从 Excel 文件中导入数据

@OLE 函数的使用格式可以分成以下类型。

（1）变量名 1,变量名 2=@OLE('文件名','数据块名称 1','数据块名称 2');：从指定的 Excel 文件中读取数据，文件名可以包括扩展名（.xls），还可以包含完整的路径目录名称，如果没有指定路径，则默认路径是 Lingo 软件的当前工作目录。

该文件中定义了两个数据块，其中的数据分别用来对变量 1 和变量 2 初始化。

（2）变量名 1,变量名 2=@OLE('文件名','数据块名称');：@OLE 函数的参数仅指定一个数据块名称，该数据块应当包含类型相同的两列数据，第 1 列赋值给变量 1，第 2 列赋值给变量 2。

（3）变量名 1,变量名 2=@OLE('文件名');：没有指定数据块名称，默认使用 Excel 文件中与变量名同名的数据块。

2）把计算结果写入 Excel 文件

@OLE 函数把计算结果写入 Excel 文件的格式有以下三种。

（1）@OLE('文件名','数据块名称 1','数据块名称 2')=变量名 1,变量名 2;：将两个变量的内容分别写入指定文件的两个预先已经定义了名称的数据块，数据块的大小不应小于变量所包含的数据。

（2）@OLE('文件名','数据块名称')=变量名 1,变量名 2;：两个变量的数据写入同一个数据块，先写入变量 1，变量 2 写入另外 1 列。

（3）@OLE('文件名')=变量名 1,变量名 2;：不指定数据块的名称，默认使用 Excel 文件中与变量名同名的数据块。

1.3.2.5　LINDO 软件和 Lingo 软件的区别

（1）在 LINDO 软件中编辑窗口输入模型的目标函数以"MAX"开头，在 Lingo 软件中则以"MAX="或"MIN="开头。

（2）在 LINDO 软件中输入模型的"SUBJIECTTO"或"ST"在 Lingo 软件中不用书写。

（3）在 LINDO 软件中系数和变量之间不能含有运算符；而在 Lingo 软件中每个系数和变量之间均增加了运算符"*"，而且不可以省略。

（4）在 Lingo 软件中每行后面均增加了一个分号";"（英文状态下输入）。

（5）在 Lingo 软件中模型以"MODEL:"开始，以"END"结束，对于简单的模型，这两个语句都可以省略。

1.4　WinQSB 软件简介

WinQSB 软件是运筹学领域比较受欢迎的工具，里面有大量的模型，运筹学的主干教学内容可以在 WinQSB 软件的计算工具包中找到大部分对应的工具箱。WinQSB 软件对于非大型的问题一般都能计算，对于较小的问题还能演示中间的计算过程。

1.4.1　实验目的

（1）学会 WinQSB 软件的安装和启动方法。

（2）了解 WinQSB 软件的基本构成、运行界面和基本操作方法，熟练掌握 WinQSB 软件的常用命令和功能。

（3）能用 WinQSB 软件与 Office 文档交换数据，了解 WinQSB 软件在 Windows 环境下的文件管理操作。

1.4.2　实验内容

1.4.2.1　安装与启动

WinQSB 软件的安装非常容易，运行 WinQSB 安装目录下的 WinQSB Setup.exe 文件，根据提示选择安装目录，输入相关信息，确认之后，安装程序就会自动完成全部后续安装过程。WinQSB 软件包大小约为 4MB，所以安装过程很快就可以完成。详细安装过程参考以下步骤。

首先双击 WinQSB 安装目录下的 WinQSB Setup.exe 文件，弹出如图 1-15 所示的"WinQSB Setup"对话框。

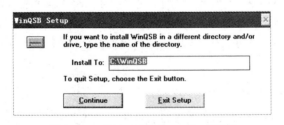

图 1-15　"WinQSB Setup"对话框

在"Install To"文本框中输入 WinQSB 软件的安装目录（默认为 C:\ WinQSB），单击"Continue"

按钮，弹出如图 1-16 所示的"Limited Use License Agreement"对话框。

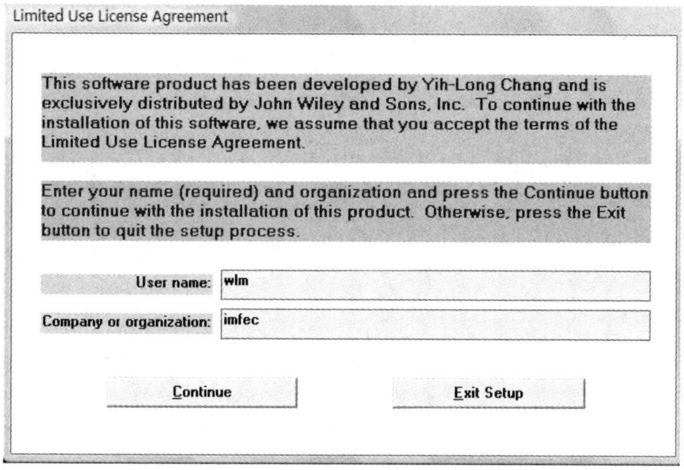

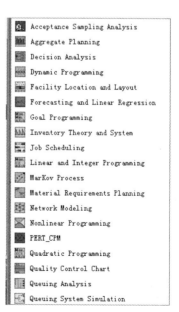

图 1-16 "Limited Use License Agreement"对话框

在对应文本框中输入用户信息（用户名和公司/组织名称），单击"Continue"按钮继续安装，安装完成后弹出如图 1-17 所示的安装完成提示对话框。

单击"确定"按钮完成安装，安装完毕之后，WinQSB 菜单自动生成在系统程序中。

WinQSB 软件共有 19 个模块，分别对应软件可以求解的运筹学中的 19 类问题。在软件安装完成后，选择"开始"→"程序"→"WinQSB"菜单命令，我们可以看到 WinQSB 软件中有 19 个菜单选项，如图 1-18 所示。

图 1-17 安装完成提示对话框

图 1-18 WinQSB 软件中的 19 个菜单选项

每个菜单选项对应运筹学中的一类问题，针对不同的问题，选择不同的菜单选项，运行相应的程序，然后使用"File"菜单中的"New Problem"选项来输入所需数据。WinQSB 软件中各模块及其功能如表 1-2 所示。

表 1-2　WinQSB 软件中各模块及其功能

模块	中文名称	功能
Acceptance Sampling Analysis	抽样分析	抽样分析、抽样方案设计、假设分析
Aggregate Planning	综合计划编制	具有多时期正常排班、加班、分时段、转包生产量、需求量、储存费用、生产费用等复杂的整体综合生产计划的编制方法
Decision Analysis	决策分析	确定型与风险型决策、贝叶斯决策、决策树、二人零和博弈、蒙特卡罗模拟
Dynamic Programming	动态规划	最短路问题、背包问题、生产与储存问题
Facility Location and Layout	设备场地布局	设备场地设计、功能布局、线路均衡布局
Forecasting and Linear Regression	预测与线性回归	简单平均、移动平均、加权移动平均、线性趋势移动平均、指数平滑、多元线性回归、Holt-Winters 季节叠加与乘积算法
Goal Programming	目标规划	多目标线性规划、线性目标规划
Inventory Theory and System	存储论与存储控制系统	经济订货批量模型、批量折扣模型、单时期随机模型、多时期动态储存模型、储存控制系统
Job Scheduling	作业计划	机器加工排序、流水线车间加工排序
Linear and Integer Programming	线性规划与整数规划	线性规划、整数规划、线性规划对偶问题、约束条件的松紧判断和对偶价格、灵敏度分析
MarKov Process	马尔可夫过程	转移概率、稳态概率
Material Requirements Planning	物料需求计划	物料需求计划的编制、成本核算
Network Modeling	网络模型	运输、指派、最大流、最短路径、最小支撑树、货郎担等问题
Nonlinear Programming	非线性规划	非线性规划的求解与分析
PERT_CPM	计划评审技术关键路径法	关键路径法、计划评审技术、网络的优化、工程完工时间模拟、绘制甘特图与网络图
Quadratic Programming	二次规划	二次规划的求解与分析，变量可以取整数
Quality Control Chart	质量管理控制图	建立各种质量控制图，以及基于数据的产品和服务质量进行分析与控制
Queuing Analysis	排队分析	各种排队模型的求解与性能分析、15 种分布模型求解、灵敏度分析、服务能力分析、成本分析
Queuing System Simulation	排队系统模拟	未知到达和服务时间分布、一般排队系统模拟计算

此外，在 WinQSB 软件安装完成后，每一个模块都提供了一些典型的例题数据文件，用户可以使用"File"菜单中的"Load Problem"选项打开已有的数据文件，了解数据的输入格式、系统能够求解的问题、结果的输出格式等内容。

1.4.2.2　工作界面及基本操作

WinQSB 软件工作界面主要有三种窗口：启动窗口、数据输入窗口、结果输出窗口。现以"Linear and Integer Programming"窗口为例加以说明。

（1）启动窗口。选择"开始"→"程序"→"WinQSB"→"Linear and Integer Programming"菜单命令，出现如图 1-19 所示的"Linear and Integer Programming"窗口。

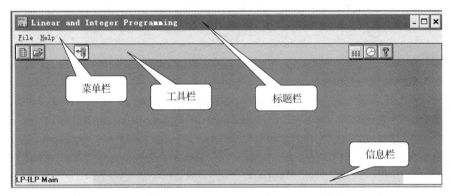

图 1-19　"Linear and Integer Programming"窗口

标题栏：显示程序的名称。

菜单栏：共有两个菜单，即"File"和"Help"。

"File"菜单中只有三个选项："New Problem"、"Load Problem"和"Exit"。

New Problem：新建问题。

Load Problem：装载问题。

Exit：退出。

Help 菜单为帮助菜单（略）。

工具栏：快速执行常用的功能项。

信息栏：把鼠标移动到工具栏按钮上时，信息栏会给出相应的说明信息。

（2）数据输入窗口。选择"File"→"New Problem"菜单命令（或在工具栏上单击■图标），出现如图 1-20 所示的"LP-ILP Problem Specification"对话框。

需要注意的是，对于不同的模块，弹出的对话框是不同的，具体可见各章的 WinQSB 软件实验。

单击"OK"按钮，进入数据输入窗口，如图 1-21 所示。

菜单栏共有 9 个菜单："File"、"Edit"、"Format"、"Solve and Analyze"、"Results"（此处为灰色不可用）、"Utilities"、"Window"、"WinQSB"和"Help"。

数据输入窗口中的"File"菜单如图 1-22 所示。

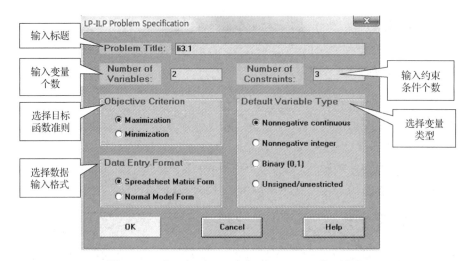

图 1-20 "LP-ILP Problem Specification"对话框

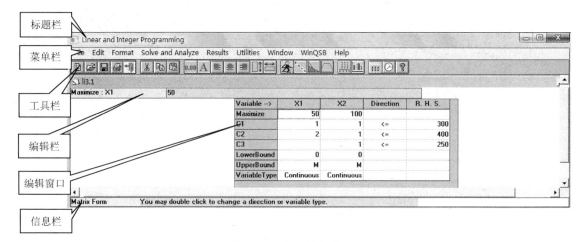

图 1-21 数据输入窗口

图 1-22 数据输入窗口中的"File"菜单

New Problem：新建问题。

Load Problem：装载问题。

Close Problem：关闭问题。

Save Problem：保存问题。

Save Problem As：问题另存为。

Print Problem：打印问题。

Print Font：打印字体设置。

Print Setup：打印设置。

Exit：退出。

数据输入窗口中的"Edit"菜单如图 1-23 所示。

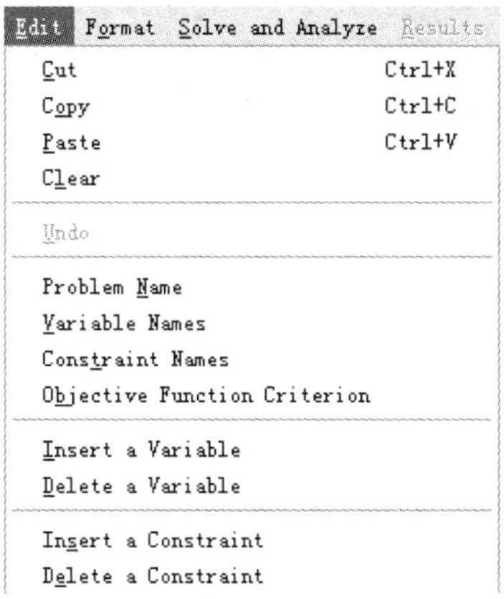

图 1-23　数据输入窗口中的"Edit"菜单

Cut: 剪切。

Copy：复制。

Paste：粘贴。

Clear：清除。

Undo：恢复。

需要注意的是，除了包含"Cut""Copy"等选项的第一部分和含有"Undo"选项的第二部分，其他部分的选项会由于所选程序的不同而不同。具体见后面实验中各问题的详细解法。

数据输入窗口中的"Format"菜单如图 1-24 所示。

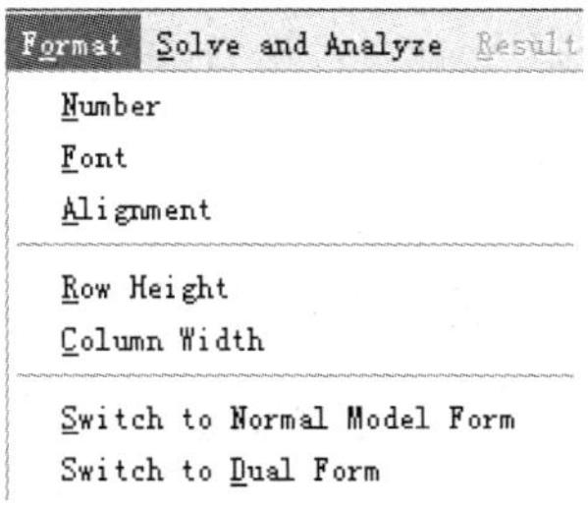

图 1-24　数据输入窗口中的"Format"菜单

Number：选择数字的显示格式。选择此选项，弹出如图 1-25 所示的"Number Format"对话框。

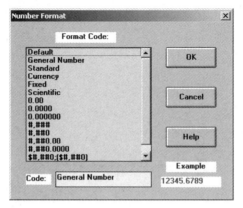

图 1-25　"Number Format"对话框

Font：选择显示字体（为 Windows 标准的字体对话框）。选择此选项，弹出如图 1-26 所示的"字体"对话框。

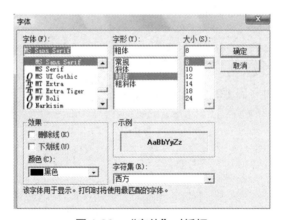

图 1-26　"字体"对话框

Alignment：电子表格文字的对齐方式。选择此选项，弹出如图 1-27 所示的"Alignment"对话框。

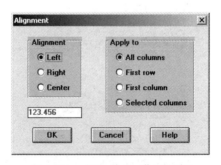

图 1-27　"Alignment"对话框

在图 1-27 中，左上部分为文字对齐方式（左、右、中）。右上部分为对齐方式的应用范围（应用于所有列、首行、首列、选定的列）。

Row Height：调节电子表格行高。

Column Width：调节电子表格列宽。

根据子程序的不同，"Format"菜单中会有不同的选项。具体见后面实验中各问题的详细解法。

数据输入窗口中的"Solve and Analyze"菜单如图 1-28 所示。

图 1-28　数据输入窗口中的"Solve and Analyze"菜单

它也会根据不同的子程序而有不同的选项，主要的选项如下所述。

Solve the Problem：求解问题。

Solve and Display Steps：求解并显示过程。

"Utilities"菜单较简单，主要提供了几个小工具，有"Calculator"（计算器）、"Clock"（时钟）和"Graph/Chart"（图表）等。

数据输入窗口中的"Window"菜单如图 1-29 所示。

Cascade
Tile
Arrange Icons

✓ 1 li3.1

图 1-29　数据输入窗口中的"Window"菜单

此处会显示已经打开的子窗口的名称，可方便地进行切换。

Cascade：层叠。

Tile：平铺。

Arrange Icons: 重排图标。

"WinQSB"菜单提供了 19 个功能的选项，可在此处方便地打开其他子程序。

"Help"菜单提供了 WinQSB 软件的帮助。

工具栏：快速执行常用的功能项。

编辑窗口：在此处输入具体问题的数据，WinQSB 软件中主要的数据输入形式是表格。

（3）结果输出窗口：在输入数据之后，选择"Solve and Analyze"→"Solve the Problem"菜单命令，问题求解后弹出结果输出窗口，如图1-30所示。

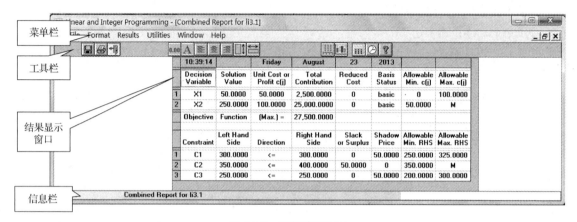

图 1-30　结果输出窗口

菜单栏有 6 个菜单："File"、"Format"、"Results"、"Utilities"、"Window"和"Help"。
结果输出窗口中的"File"菜单如图1-31所示。

图 1-31　结果输出窗口中的"File"菜单

Print：打印。

Quick Print Window：快速打印窗口。

Save As：结果另存为。

Copy to Clipboard：复制到剪贴板。

Print Font：打印字体设置。

Print Setup：打印设置。

Exit：退出。

"Results"菜单主要是对问题进行各种不同的分析和显示，根据不同的子程序会有所不同。

"Format"、"Utilities"、"Window"和"Help"菜单的选项同数据输入窗口中对应的菜单。

工具栏：快速执行常用的功能项。

结果显示窗口：在此显示问题的求解结果，有表格或图形的形式。

1.4.2.3　数据的录入与保存

（1）数据可以采用直接录入方式，同时也可以从 Excel 文件或 Word 文档中复制数据到 WinQSB 软件中。首先选中要复制的电子表格中单元格的数据，选用复制功能，然后在 WinQSB 软件的电子表格编辑状态下选中要粘贴的单元格（在 WinQSB 软件中选中的单元格应与在电子表格中选中的单元格行列数相同，否则只能复制部分数据），粘贴即可。

（2）把 WinQSB 软件数据输入窗口中的数据复制到 Office 文档：先清空剪贴板（可用 Excel 文件或 Word 文档中"Edit"菜单中的"剪贴板"选项来清空），然后在 WinQSB 软件的表格中选中要复制的数据，选择"Edit"菜单中的"Copy"选项，粘贴到 Excel 文件或 Word 文档中。

（3）计算结果的保存，只需要选择"File"→"Save As"菜单命令即可，只是需要注意系统以文本格式（*.txt）保存结果，使用者可以编辑该文本文件。也可以把 WinQSB 软件结果输出窗口中的数据复制到 Office 文件中进行保存，方法：问题求解后，先清空"剪贴板"，选择"File"菜单中的"Copy to Clipboard"选项，然后粘贴到 Excel 文件或 Word 文档中。

1.5　MATLAB 软件简介

MATLAB 是矩阵实验室（Matrix Laboratory）的简称，是由美国 MathWorks 公司研制开发的一种面向工程和科学计算的软件，专门以矩阵的形式处理数据。MATLAB 软件将高性能的数值计算、数据可视化和程序设计融合在一种简单易用的交互式工作环境中，并且提供了大量的内置函数，从而使其广泛应用于数学计算和分析、自动控制、系统仿真、数字信号处理、图形图像分析、数理统计、人工智能、虚拟现实技术、通信工程、金融系统等领域。

1.5.1　实验目的

（1）熟悉 MATLAB 软件的工作环境、菜单和选项的功能、基本操作。
（2）了解 MATLAB 软件的文件类型和 MATLAB 工具箱。
（3）掌握简单的命令运算和 M 文件的基本操作。

1.5.2　实验内容

1.5.2.1　MATLAB 软件界面介绍

MATLAB 软件的界面主要有菜单栏、工具栏、命令窗口、历史命令窗口、工作空间窗口和当前目录窗口等。MATLAB 软件界面如图 1-32 所示。

命令窗口位于界面的中间，在窗口中显示命令提示符"≫"，可在"≫"之后输入命令，按下"Enter"键后，MATLAB 软件会立即显示运行结果并将结果自动赋予变量 ans。若要禁止显示计算的中间结果，则可以通过分号";"来实现。如果求解较为复杂的问题，可以采用给变量赋值的方法。

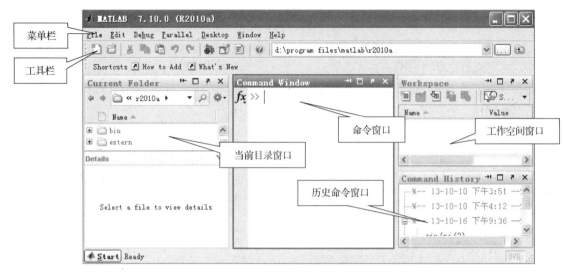

图 1-32　MATLAB 软件界面

工作空间是用于储存运算中的各种变量和结果的内存空间，而工作空间窗口则用于显示变量的名称、大小、字节数及数据类型等，我们可以通过工作空间窗口对变量进行观察、编辑、保存和删除等操作。

历史命令窗口用来记录用户在命令窗口中执行过的命令行，包括已运行过的命令、函数、表达式、使用时间等信息。在历史命令窗口中可进行历史命令的查找、检查等工作。用鼠标选中历史命令窗口中的命令行，单击右键弹出操作菜单，我们可以选择相应选项对这些历史命令进行复制、执行及删除等操作；双击这些命令可使它们再次执行。

当前目录窗口用于显示和设置当前工作目录，同时显示当前工作目录下的文件名、文件类型及目录的修改时间等信息。用鼠标选中当前目录窗口中的文件，单击右键可以进行打开、运行、重命名及删除等操作。设置当前目录可以在当前目录窗口上方的输入栏中直接输入。

菜单栏中有"File"、"Edit"、"Debug"、"Parallel"、"Desktop"、"Window"和"Help"七个菜单，图 1-33～图 1-39 显示了每个菜单的选项，图中选项名称右侧是其快捷键。工具栏上的每个按钮与一个选项对应。下面对主要选项的功能进行简单说明，其余选项的功能与一般 Windows 菜单中的大致相同。

Close Command Window：关闭命令窗口。

Import Data：工作空间导入数据。

Set Path：设定路径。

Preferences：设置 MATLAB 软件系统的属性参数。

New	▶
Open...	Ctrl+O
Close Command Window	Ctrl+W
Import Data...	
Save Workspace As...	Ctrl+S
Set Path...	
Preferences...	
Page Setup...	
Print...	Ctrl+P
Print Selection...	
1 D:\exemple\LPexemple.m	
2 C:\...exemple\LPexemple.m	
3 C:\...\MATLAB\LPexemple.m	
Exit MATLAB	Ctrl+Q

图 1-33　"File"菜单

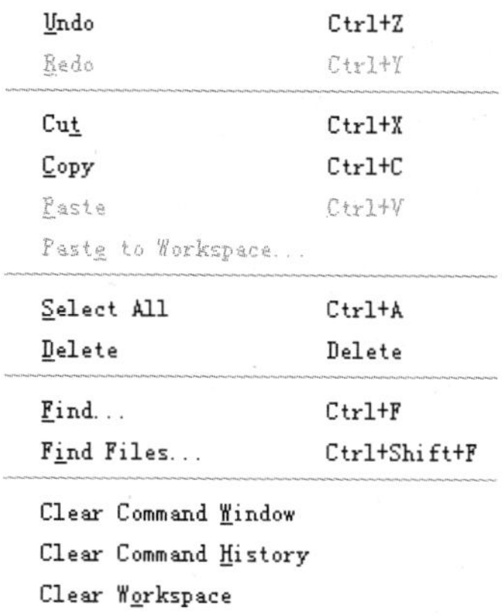

```
Undo              Ctrl+Z
Redo              Ctrl+Y

Cut               Ctrl+X
Copy              Ctrl+C
Paste             Ctrl+V
Paste to Workspace...

Select All        Ctrl+A
Delete            Delete

Find...           Ctrl+F
Find Files...     Ctrl+Shift+F

Clear Command Window
Clear Command History
Clear Workspace
```

图 1-34   "Edit"菜单

Clear Command Window：清除命令窗口。

Clear Command History：清除命令记录。

Clear Workspase：清除工作空间。

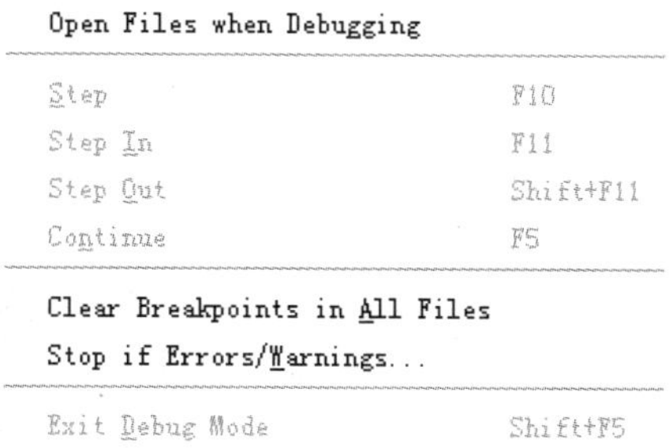

```
Open Files when Debugging

Step              F10
Step In           F11
Step Out          Shift+F11
Continue          F5

Clear Breakpoints in All Files
Stop if Errors/Warnings...

Exit Debug Mode   Shift+F5
```

图 1-35   "Debug"菜单

Open Files when Debugging：打开文件的调试工具。

Step：逐步调试程序。

Step In：进入子程序逐步执行调试程序。

Step Out：跳出子程序逐步执行调试程序。

Continue：继续执行程序到下一个断点。

Clear Breakpoints in All Files：清除文件中的所有断点。

Stop if Errors/Warnings：程序出现错误或警告停止运行。

Exit Debug Mode：退出调试状态。

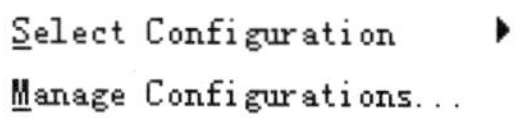

```
Select Configuration       ▶
Manage Configurations...
```

图 1-36   "Parallel"菜单

Select Configuration：选择配置。

Manage Configurations：管理配置。

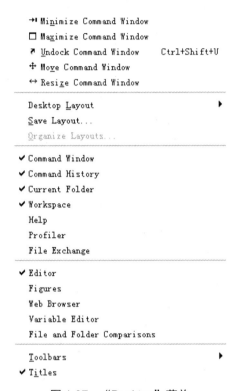

图 1-37 "Desktop" 菜单

Desktop Layout：恢复 MATLAB 软件运行环境的界面为默认状态下的界面组合。

Save Layout：保存用户的窗口显示模式。

Command Window：控制命令窗口的显示。

Command History：控制命令历史窗口的显示。

Current Folder：控制当前目录窗口的显示。

Workspace：控制数据编辑窗口的显示。

Help：控制帮助系统的显示。

Profiler：控制 M 文件分析窗口的显示。

Editor：控制 Editor 窗口的显示。

Figures：控制 Figures 窗口的显示。

Web Browser：控制 Web Browser 窗口的显示。

Toolbars：控制工具条的显示。

Titles：控制标题栏的显示。

```
                                              Product Help
                                              Function Browser      Shift+F1

Close All Documents                           Using the Desktop
                                              Using the Command Window
Next Tool           Ctrl+Tab
Previous Tool       Ctrl+Shift+Tab            Web Resources                    ▶
Next Tab            Ctrl+Page Down            Get Product Trials
Previous Tab        Ctrl+Page Up             Check for Updates

0 Command Window    Ctrl+0                    Licensing                        ▶
1 Command History   Ctrl+1
2 Current Folder    Ctrl+2                    Demos
3 Workspace         Ctrl+3
                                              Terms of Use
Editor              Ctrl+Shift+0             Patents

A LPexemple.m                                About MATLAB
```

图 1-38   "Window"菜单   图 1-39   "Help"菜单

在 MATLAB 软件的命令窗口中直接输入相关的命令行或者语句段,输入示例如图 1-40 所示,这种方法适用于一些简单问题的求解, 当遇到较为复杂的问题时, 则需要用到程序编辑与调试的环境。

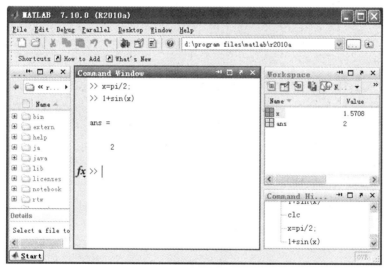

图 1-40   输入示例

在 MATLAB 软件中可利用 M 文件编辑器,实现对 MATLAB 命令行语句段的批处理,或者对 M 文件进行保存和调用,使得 MATLAB 软件的功能得到极大的扩展,适用于较大规模程序的编制,并以此解决更为复杂的工程问题。

M 文件编辑器是 MATLAB 软件中集成编辑和调试的环境,用户可以通过 MATLAB 软件中的 M 文件编辑器编写用户的 M 文件,同时也可以使用编辑器打开和修改 M 文件、观察变量值、调试程序等。

在 MATLAB 软件中选择"File"→"New→"Function"菜单命令或单击工具栏上的 按钮，打开 M 文件编辑窗口，如图 1-41 所示。

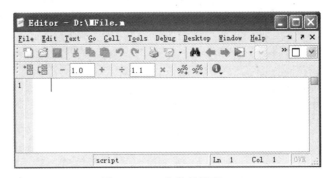

图 1-41　M 文件编辑窗口

1.5.2.2　MATLAB 软件的文件类型

MATLAB 软件的文件类型有 M 文件（后缀为.m）、MAT 文件（后缀为.mat）、MEX 文件（后缀为.mex 或.dll）、FIG 图形文件（后缀为.fig）、P 文件（后缀为.p）和 Models 模型文件（后缀为.mdl）。MAT 文件是 MATLAB 软件数据存储的标准格式文件。MEX 文件是 MATLAB 软件编译处理的二进制文件。P 文件是 M 文件的加密格式文件。

1.5.2.3　MATLAB 工具箱

工具箱是 MATLAB 软件用来解决各个领域特定问题的函数库，主要用来扩充 MATLAB 软件的数值计算、符号运算、图形建模仿真等功能，使其能够用于多种学科。MATLAB 软件中的工具箱有控制系统工具箱（Control System Toolbox）、信号处理工具箱（Signal Processing Toolbox）、财政金融工具箱（Financial Toolbox）和优化工具箱（Optimization Toolbox）等二十多种。本书将利用 MATLAB 软件的优化工具箱求解相关的运筹学问题。

练　习

1．打开 LINDO 软件和 Lingo 软件并熟悉软件界面和菜单功能。

2．打开 LINDO 软件和 Lingo 软件中的示例文件，运行示例文件并保存结果。

3．打开 WinQSB 软件并熟悉 WinQSB 软件的工作环境。

4．使用 WinQSB 软件打开示例文件，运行示例文件并保存计算结果。

5．WinQSB 软件的主要功能是什么？与其他软件相比，WinQSB 软件有什么特点？

6．打开 MATLAB 软件并熟悉软件界面和菜单功能。

7．在 MATLAB 软件命令窗口中进行简单的数学运算，打开示例 M 文件并运行，查看结果。

第2章　线性规划实验

2.1　基础知识

线性规划（LP）是运筹学的一个重要分支。自 1947 年美国数学家 George Bernard Dantzig 提出了求解线性规划问题的单纯形法后，线性规划在理论上日益成熟，在实际中的应用也更加广泛，在工业、农业、经济管理、军事和交通运输等各方面都发挥了重要作用。

2.1.1　线性规划问题的数学模型

在经济和生产活动中，生产者往往要追求收益最大、成本最小等目标。线性规划能解决的就是在有限资源的约束条件下，使获得收益（或支付成本）的线性目标取得最大值（或最小值）的问题，其中收益、成本和约束条件均为变量的线性表达式。

线性规划问题的数学模型包含三个组成要素：

（1）决策变量，是决策者为了实现规划目标采取的方案，通常是问题中需要求解的未知量；

（2）目标函数，是决策变量的函数，优化目标为该函数的最大值或最小值；

（3）约束条件，指决策变量取值时受到的各种资源的限制，通常是关于决策变量的等式或不等式。

线性规划问题的数学模型为

$$\max \ (\text{或 } \min) \quad z = \sum_{j=1}^{n} c_j x_j$$

$$\text{s.t.} \begin{cases} \sum_{j=1}^{n} a_{ij} x_j \leqslant (\text{或} =, \geqslant) b_i & (i=1,2,\cdots,m) \\ x_j \geqslant 0 & (j=1,2,\cdots,n) \end{cases}$$

式中，$x_j (j=1,2,\cdots,n)$ 表示 n 个决策变量中的第 j 个变量；c_j 为变量 x_j 的价值系数；b_i $(i=1,2,\cdots,m)$ 是第 i 种资源的拥有量；a_{ij} 表示第 j 个变量取值 1 个单位时，对第 i 种资源的使用量。

变量 x_j 在一般情况下取非负值，即 $x_j \geqslant 0$。理论上，x_j 可以取负值，即 $x_j \in (-\infty, +\infty)$，此时称 x_j 为无约束。

在线性规划问题中，目标函数和约束条件的内容、形式可以表示为多种多样。为了方便讨论和求解，规定其数学模型的标准形式为

$$\max \quad z = \sum_{j=1}^{n} c_j x_j$$

$$\text{s.t.} \begin{cases} \sum_{j=1}^{n} a_{ij} x_j = b_i & (i=1,2,\cdots,m) \\ x_j \geq 0 & (j=1,2,\cdots,n) \end{cases}$$

其中，目标函数是求最大值，约束条件全为等式，约束条件的右端项 $b_i \geq 0$ $(i=1,2,\cdots,m)$。

线性规划问题的解包含唯一最优解、无穷多个最优解、无界解和无可行解（可行解是指满足所有约束条件的解）等情况。

2.1.2 线性规划问题的求解方法

2.1.2.1 图解法

对于只含有两个决策变量的线性规划问题，可以用图解法进行求解。这种方法简单直观，而且容易理解和掌握，具体步骤如下。

（1）以一个决策变量为横轴，另一个决策变量为纵轴，画出平面直角坐标系。

（2）在坐标系上画出每个约束条件对应的直线或区域（其中，约束条件为等式时，对应的是一条平面直线；约束条件为不等式时，对应的是平面中的一个闭区域）。

（3）确定可行域（满足所有约束条件的平面点集）。

（4）确定线性规划问题解的情况：在坐标系中，画出目标函数 $z = \sum_{j=1}^{2} c_j x_j$ 的等值线，确定等值线增加（或减少）的移动方向，结合由约束条件得到的可行域，分析线性规划问题解的情况。

2.1.2.2 单纯形法

单纯形法是求解线性规划问题的通用方法。1947 年，Dantzig 面对美国制定空军军事规划时提出的问题，首次提出了单纯形法，这是针对一般线性规划问题的最早的可行算法，具体步骤如下。

（1）找出初始基可行解（满足变量非负约束条件的基解）。

（2）若初始基可行解不存在，则该线性规划问题无最优解；否则，进入步骤（3）。

（3）若初始基可行解存在，以该初始基可行解作为起点，根据检验数的最优性条件和可行性条件，引入非基变量取代某一基变量，找出使目标函数值更优的基可行解。

（4）按照步骤（3）进行迭代，直到对应检验数满足最优性条件，得到问题的最优解。特别要注意的是，若在迭代过程中发现问题的目标函数值无界，说明该线性规划问题存在无界解，应终止迭代。

2.1.2.3 人工变量法

若线性规划问题的约束条件是等式，而且系数矩阵中不包含单位矩阵，则可以采用人工变量法进行求解。在约束条件左端加上一个人工变量，人为地构造一个单位矩阵。若约束条件是"$\geq$"的情况，先在不等式左端减去一个大于等于零的剩余变量，转化为等式约束，然后加上一个人工变量，构造一个单位矩阵。

1）大 M 法

若目标函数为 $\max z$，将人工变量的系数取为 $-M$（M 是充分大的正数）；若目标函数为 $\min z$，将人工变量的系数取为 M，然后利用单纯形法求解。

2）两阶段法

第一阶段：求解一个目标函数仅含有人工变量的极小化问题。若最优值为 0，去掉人工变量转为第二阶段；若最优值为非 0 值，则原问题无可行解，停止计算。

第二阶段：去掉第一阶段中的人工变量，将第一阶段得到的最优解作为初始基可行解，再利用单纯形法进行求解。

2.2　使用 LINDO 软件求解线性规划问题

利用 LINDO 软件求解线性规划问题，不需要将问题化成标准型，只需将线性规划模型输入该软件的编辑窗口即可。LINDO 软件默认变量是非负的，如果变量是有界或无约束的，那么使用 FREE 语句可以把指定变量的非负约束去掉。

2.2.1　实验目的

（1）熟悉 LINDO 软件求解线性规划问题的方法步骤，并理解求解结果。

（2）掌握 LINDO 软件对线性规划问题解的情况的判别。

（3）通过利用 LINDO 软件求解线性规划问题进一步理解线性规划问题的建模和求解。

2.2.2　实验内容

例 2.1　利用 LINDO 软件求解下列线性规划问题。

模型 1　$\max z = 3x_1 + x_2 + 3x_3$

$$\text{s.t.} \begin{cases} 2x_1 + x_2 + x_3 \leqslant 2 \\ x_1 + 2x_2 + 3x_3 \leqslant 5 \\ 2x_1 + 2x_2 + x_3 \leqslant 6 \\ x_1, x_2, x_3 \geqslant 0 \end{cases}$$

模型 2　$\max z = x_1 + 2x_2$

$$\text{s.t.} \begin{cases} x_1 \leqslant 4 \\ x_2 \leqslant 3 \\ x_1 + 2x_2 \leqslant 8 \\ x_1, x_2 \geqslant 0 \end{cases}$$

模型 3　$\max z = 3x_1 + 8x_2$

$$\text{s.t.} \begin{cases} x_1 - x_2 \geqslant 1 \\ -x_1 + 2x_2 \leqslant 0 \\ x_1, x_2 \geqslant 0 \end{cases}$$

模型 4　$\max z = 2x_1 + 3x_2$

$$\text{s.t.} \begin{cases} 2x_1 + 2x_2 \leqslant 12 \\ x_1 + 2x_2 \geqslant 14 \\ x_1, x_2 \geqslant 0 \end{cases}$$

1.　模型 1 求解步骤

（1）打开 LINDO 软件后，在软件的编辑窗口中输入模型 1，如图 2-1 所示。

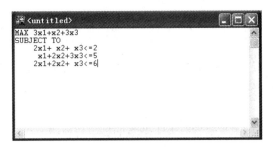

图 2-1　在软件的编辑窗口中输入模型 1

（2）单击窗口"Solve"菜单中的"Solve"选项（见图 2-2）或单击工具栏中的 按钮，求解模型 1 得到输出结果（见图 2-3）。

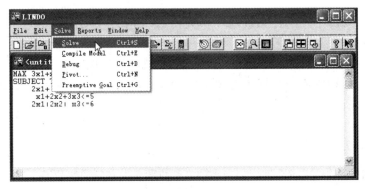

图 2-2　求解模型 1

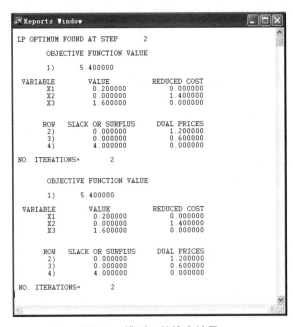

图 2-3　模型 1 的输出结果

线性规划问题的最优解为 $x_1 = 0.2$、$x_2 = 0$、$x_3 = 1.6$，目标函数的最大值是 5.4。该问题有唯一最优解。

2. 模型 2 求解步骤

（1）在 LINDO 软件的编辑窗口中输入模型 2，如图 2-4 所示。

（2）求解模型 2，得到如图 2-5 所示的模型 2 的输出结果。

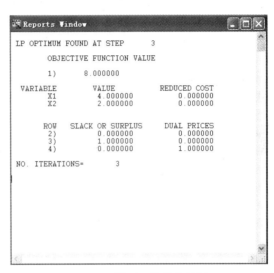

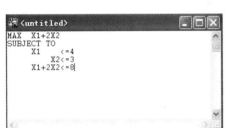

图 2-4　在 LINDO 软件的编辑窗口中输入模型 2　　　　图 2-5　模型 2 的输出结果

由以上求解过程得到模型 2 的解为 $x_1 = 4$、$x_2 = 2$，目标函数的最大值为 8。与模型 1 不同，该线性规划问题有无穷多个最优解，但是 LINDO 软件只求解出了其中一个解。

3. 模型 3 求解步骤

（1）在 LINDO 软件的编辑窗口中输入模型 3，如图 2-6 所示。

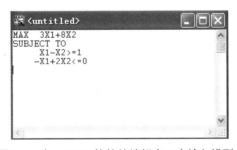

图 2-6　在 LINDO 软件的编辑窗口中输入模型 3

（2）单击窗口"Solve"菜单中的"Solve"选项或单击工具栏中的 按钮，求解该模型，弹出模型 3 的错误信息对话框，如图 2-7 所示，提示无界解（"UNBOUNDED SOLUTION"）。

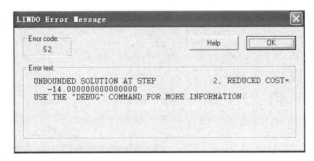

图 2-7　模型 3 的错误信息对话框

（3）单击图 2-7 所示对话框中的"OK"按钮，出现模型 3 的解状态对话框，如图 2-8 所示，最优解状态显示为无界（"Unbounded"）。

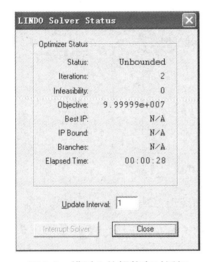

图 2-8　模型 3 的解状态对话框

由以上求解步骤得到模型 3 有无界解。

4．模型 4 求解步骤

（1）在 LINDO 软件的编辑窗口中输入模型 4（见图 2-9）。

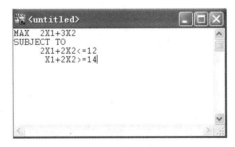

图 2-9　在 LINDO 软件的编辑窗口中输入模型 4

（2）单击窗口"Solve"菜单中的"Solve"选项或单击工具栏中的 ⊚ 按钮，求解该模型，弹出模型 4 的错误信息对话框（见图 2-10），提示无可行解（"NO FEASIBLE SOLUTION"）。

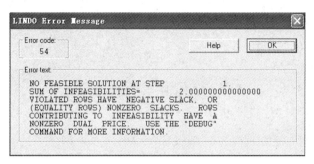

图 2-10　模型 4 的错误信息对话框

（3）单击图 2-10 所示对话框中的"OK"按钮，出现模型 4 的解状态对话框（见图 2-11），最优解状态显示为无可行解（"Infeasible"）。

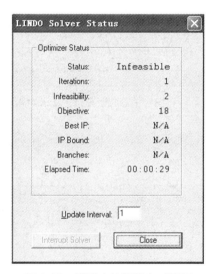

图 2-11　模型 4 的解状态对话框

由上面的求解步骤可知，该线性规划问题无可行解。

2.3　使用 Lingo 软件求解线性规划问题

利用 Lingo 软件求解线性规划问题，可以避免大量的烦琐的计算，能够轻松、有效地获得规划问题的解。Lingo 软件求解线性规划问题的过程采用的是单纯形法，一般首先寻求一个可行解，在有可行解的情况下再寻求最优解。

2.3.1 实验目的

（1）熟悉 Lingo 软件求解线性规划问题的方法步骤，并理解求解结果。
（2）掌握 Lingo 软件对线性规划问题解的情况的判别。

2.3.2 实验内容

例 2.2 利用 Lingo 软件求解例 2.1 中的线性规划问题。

1. 模型 1 求解步骤

（1）打开 Lingo 软件后，在软件的编辑窗口中输入模型 1（见图 2-12）。

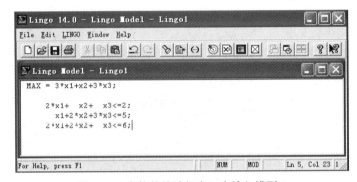

图 2-12　在软件的编辑窗口中输入模型 1

（2）单击"LINGO"菜单中的"Solve"选项或单击工具栏中的 按钮，求解该模型，模型 1 的
解状态对话框如图 2-13 所示。

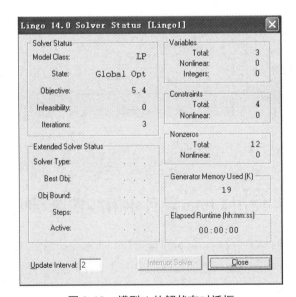

图 2-13　模型 1 的解状态对话框

由求解步骤可得线性规划问题的最优解和目标函数值，模型 1 的解报告窗口如图 2-14 所示。

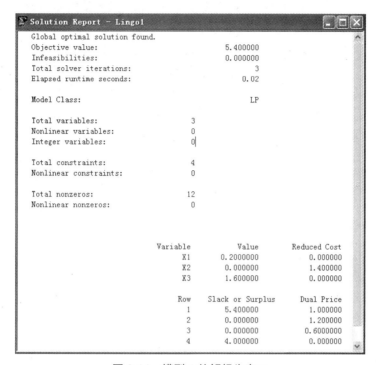

图 2-14　模型 1 的解报告窗口

2. 模型 2 求解步骤

（1）在 Lingo 软件的编辑窗口中输入模型 2（见图 2-15）。

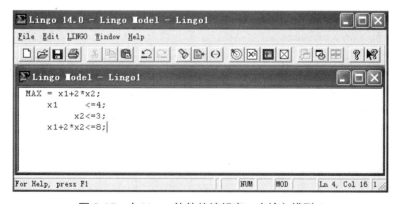

图 2-15　在 Lingo 软件的编辑窗口中输入模型 2

（2）求解该模型，模型 2 的解状态对话框图 2-16 所示。

图2-16 模型2的解状态对话框

由上面的求解步骤得到模型2的最优解为 $x_1 = 4$、$x_2 = 2$（见图2-17），目标函数最大值为8。该线性规划问题有无穷多个最优解，但是 Lingo 软件也只给出了其中一个解。

```
Global optimal solution found.
Objective value:                              8.000000
Infeasibilities:                              0.000000
Total solver iterations:                             0
Elapsed runtime seconds:                          0.02

Model Class:                                        LP

Total variables:             2
Nonlinear variables:         0
Integer variables:           0

Total constraints:           4
Nonlinear constraints:       0

Total nonzeros:              6
Nonlinear nonzeros:          0



                     Variable           Value        Reduced Cost
                           X1        4.000000            0.000000
                           X2        2.000000            0.000000

                          Row  Slack or Surplus          Dual Price
                            1        8.000000            1.000000
                            2        0.000000            0.000000
                            3        1.000000            0.000000
                            4        0.000000            1.000000
```

图2-17 模型2的解报告窗口

3. 模型 3 求解步骤

（1）在 Lingo 软件的编辑窗口中输入模型 3（见图 2-18）。

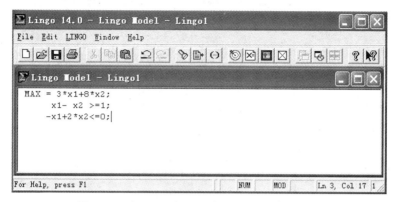

图 2-18　在 Lingo 软件的编辑窗口中输入模型 3

（2）单击 "LINGO" 菜单中的 "Solve" 选项或单击工具栏中的 按钮，求解该模型，弹出模型 3 的错误信息对话框，提示无界解（见图 2-19）。单击 "OK" 按钮，弹出提示信息（见图 2-20）。其含义为，警告：模型的当前解可能不是最优的或是不可行的。

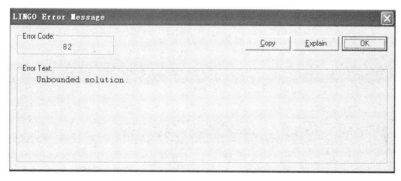

图 2-19　模型 3 的错误信息对话框 1

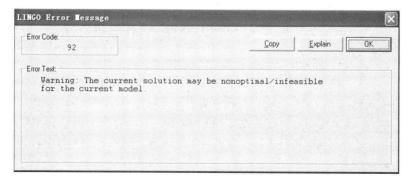

图 2-20　模型 3 的错误信息对话框 2

由上面的求解步骤可知，该线性规划问题有无界解（见图2-21）。

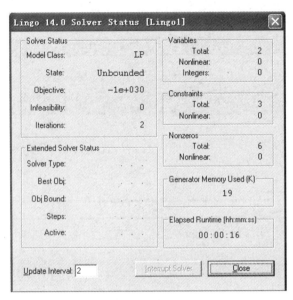

图2-21　模型3的解状态对话框

4. 模型4求解步骤

（1）在Lingo软件的编辑窗口中输入模型4（见图2-22）。

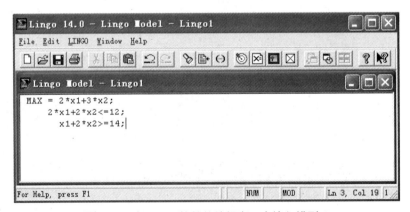

图2-22　在Lingo软件的编辑窗口中输入模型4

（2）单击"LINGO"菜单中的"Solve"选项或单击工具栏中的⚙按钮，求解该模型，弹出模型4的错误信息对话框，提示无可行解（见图2-23）。单击"OK"按钮，弹出提示信息（见图2-24），其含义为，警告：模型的当前解可能不是最优的或不可行的。继续单击"OK"按钮，弹出模型4的解状态对话框（见图2-25）。

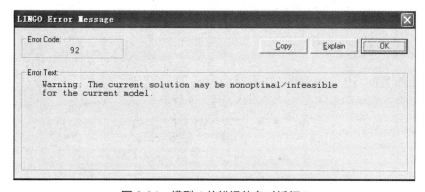

图 2-23　模型 4 的错误信息对话框 1

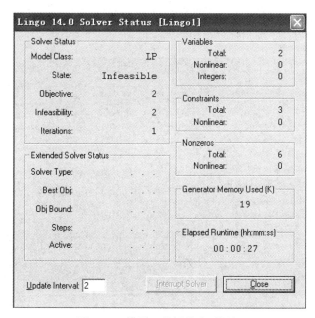

图 2-24　模型 4 的错误信息对话框 2

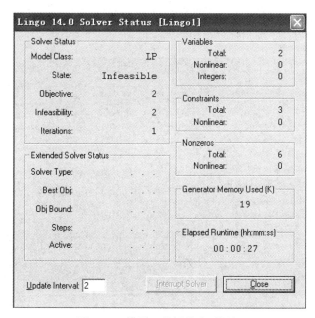

图 2-25　模型 4 的解状态对话框

2.4　使用 WinQSB 软件求解线性规划问题

利用 WinQSB 软件求解线性规划问题时，需要调用"Linear and Integer Programming"模块，且不需要将模型化为标准型。当决策变量是有界变量或无约束变量时，可以不用转化，只需要修改系统的变量类型即可。对于不等式约束，可以在输入数据时直接输入不等式符号。

2.4.1　实验目的

（1）熟悉 WinQSB 软件求解线性规划问题的方法、步骤，并理解求解结果。

（2）熟悉 WinQSB 软件求解线性规划问题的图解法。

（2）了解 WinQSB 软件用单纯形法和大 M 法求解线性规划问题的过程。

2.4.2　实验内容

例 2.3　利用 WinQSB 软件求解线性规划问题。

$$\max z = 2x_1 + 3x_2$$
$$\text{s.t.} \begin{cases} x_1 + 2x_2 \leqslant 8 \\ 3x_1 + x_2 \leqslant 9 \\ x_1, x_2 \geqslant 0 \end{cases}$$

1. 方法 1　利用单纯形法的求解步骤

（1）选择"开始"→"程序"→"WinQSB"→"Linear and Integer Programming"→"File"→"New Problem"菜单命令，生成对话框，输入模型信息（见图 2-26）。

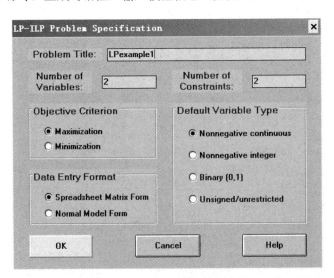

图 2-26　例 2.3 的"LP-ILP Problem Specification"对话框

（2）在 WinQSB 软件的编辑窗口中输入模型（见图 2-27）。

Variable -->	X1	X2	Direction	R. H. S.
Maximize	2	3		
C1	1	2	<=	8
C2	3	1	<=	9
LowerBound	0	0		
UpperBound	M	M		
VariableType	Continuous	Continuous		

图 2-27　在 WinQSB 软件的编辑窗口中输入模型

（3）选择"Solve and Analyze"→"Solve the Problem"菜单命令，得到模型结果（见图 2-28）。

	Decision Variable	Solution Value	Unit Cost or Profit c(i)	Total Contribution	Reduced Cost	Basis Status	Allowable Min. c(i)	Allowable Max. c(i)
1	X1	2.0000	2.0000	4.0000	0	basic	1.5000	9.0000
2	X2	3.0000	3.0000	9.0000	0	basic	0.6667	4.0000
	Objective	Function	(Max.) =	13.0000				
	Constraint	Left Hand Side	Direction	Right Hand Side	Slack or Surplus	Shadow Price	Allowable Min. RHS	Allowable Max. RHS
1	C1	8.0000	<=	8.0000	0	1.4000	3.0000	18.0000
2	C2	9.0000	<=	9.0000	0	0.2000	4.0000	24.0000

图 2-28　例 2.3 的模型结果

由结果可知，最优解为 $x_1 = 2$、$x_2 = 3$，最优值为 13。选择"Solve and Analyze"→"Solve and Display Steps"菜单命令，显示例 2.3 的初始单纯形表（见图 2-29），再选择"Simplex Iteration"→"Next Iteration"选项，可得单纯形法的求解步骤（见图 2-30 和图 2-31）。

Basis	C(i)	X1 2.0000	X2 3.0000	Slack_C1 0	Slack_C2 0	R. H. S.	Ratio
Slack_C1	0	1.0000	2.0000	1.0000	0	8.0000	4.0000
Slack_C2	0	3.0000	1.0000	0	1.0000	9.0000	9.0000
	C(i)-Z(i)	2.0000	3.0000	0	0	0	

图 2-29　例 2.3 的初始单纯形表

Basis	C(i)	X1 2.0000	X2 3.0000	Slack_C1 0	Slack_C2 0	R. H. S.	Ratio
X2	3.0000	0.5000	1.0000	0.5000	0	4.0000	8.0000
Slack_C2	0	2.5000	0	-0.5000	1.0000	5.0000	2.0000
	C(i)-Z(i)	0.5000	0	-1.5000	0	12.0000	

图 2-30　例 2.3 的单纯形法求解步骤 1

Basis	C(j)	X1 2.0000	X2 3.0000	Slack_C1 0	Slack_C2 0	R. H. S.	Ratio
X2	3.0000	0.0000	1.0000	0.6000	-0.2000	3.0000	
X1	2.0000	1.0000	0.0000	-0.2000	0.4000	2.0000	
	C(j)-Z(j)	0	0	-1.4000	-0.2000	13.0000	

图 2-31　例 2.3 的单纯形法求解步骤 2

2. 方法 2　利用图解法的求解步骤

（1）在编辑窗口中输入模型后，选择"Solve and Analyze"→"Graphic Method"菜单命令（见图 2-32）或者单击工具栏中的▧按钮。

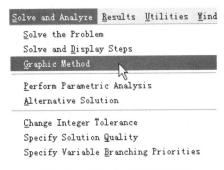

图 2-32　菜单命令的操作步骤

（2）图解法变量选择对话框如图 2-33 所示，选择横坐标和纵坐标，单击"OK"按钮。

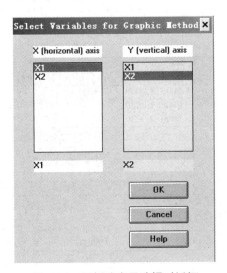

图 2-33　图解法变量选择对话框

（3）得到图解法的结果（见图 2-34）。

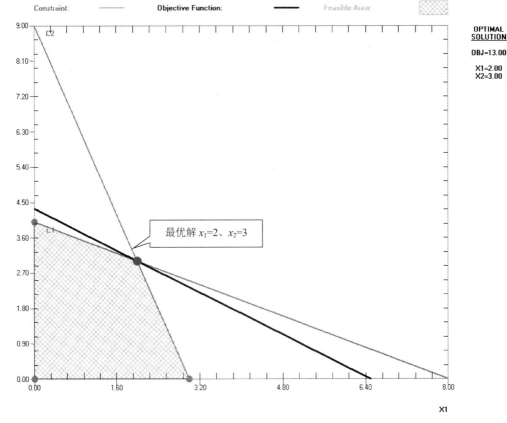

图 2-34　图解法的结果

由以上求解步骤可得，模型的最优解为 $x_1 = 2$、$x_2 = 3$，目标最大值为 13。

例 2.4　利用 WinQSB 软件求解线性规划问题。

$$\max z = -3x_1 + x_3$$

$$\text{s.t.} \begin{cases} x_1 + x_2 + x_3 \leq 4 \\ -2x_1 + x_2 - x_3 \geq 1 \\ 3x_2 + x_3 = 9 \\ x_1, x_2, x_3 \geq 0 \end{cases}$$

（1）选择"开始"→"程序"→"WinQSB"→"Linear and Integer Programming"→"File"→"New Problem"菜单命令，生成对话框，输入模型信息（见图 2-35）。

（2）在 WinQSB 软件的编辑窗口中输入模型（见图 2-36）。

（3）选择"Solve and Analyze"→"Solve and Display Steps"菜单命令，显示例 2.4 的初始单纯形表（见图 2-37），表中 C2、C3 为人工变量，目标函数中人工变量的系数为−M。

（4）选择"Simplex Iteration"→"Next Iteration"选项，可得单纯形法的求解步骤（见图 2-38～图 2-40）。

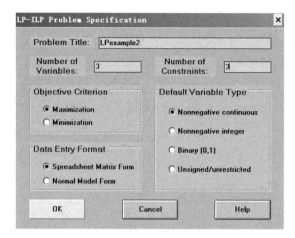

图 2-35　例 2.4 的 "LP-ILP Problem Specification" 对话框

Variable -->	X1	X2	X3	Direction	R. H. S.
Maximize	-3		1		
C1	1	1	1	<=	4
C2	-2	1	-1	>=	1
C3		3	1	=	9
LowerBound	0	0	0		
UpperBound	M	M	M		
VariableType	Continuous	Continuous	Continuous		

图 2-36　在 WinQSB 软件的编辑窗口中输入模型

Basis	C(j)	X1 -3.0000	X2 0	X3 1.0000	Slack_C1 0	Surplus_C2 0	Artificial_C2 0	Artificial_C3 0	R. H. S.	Ratio
Slack_C1	0	1.0000	1.0000	1.0000	1.0000	0	0	0	4.0000	4.0000
Artificial_C2	-M	-2.0000	1.0000	-1.0000	0	-1.0000	1.0000	0	1.0000	1.0000
Artificial_C3	-M	0	3.0000	1.0000	0	0	0	1.0000	9.0000	3.0000
	C(j)-Z(j)	-3.0000	0	1.0000	0	0	0	0	0	
	* Big M	-2.0000	4.0000	0	0	-1.0000	0	0	0	

图 2-37　例 2.4 的初始单纯形表

Basis	C(j)	X1 -3.0000	X2 0	X3 1.0000	Slack_C1 0	Surplus_C2 0	Artificial_C2 0	Artificial_C3 0	R. H. S.	Ratio
Slack_C1	0	3.0000	0	2.0000	1.0000	1.0000	-1.0000	0	3.0000	1.0000
X2	0	-2.0000	1.0000	-1.0000	0	-1.0000	1.0000	0	1.0000	M
Artificial_C3	-M	6.0000	0	4.0000	0	3.0000	-3.0000	1.0000	6.0000	1.0000
	C(j)-Z(j)	-3.0000	0	1.0000	0	0	0	0	0	
	* Big M	6.0000	0	4.0000	0	3.0000	-4.0000	0	0	

图 2-38　例 2.4 的单纯形法求解步骤 1

Basis	C(j)	X1 -3.0000	X2 0	X3 1.0000	Slack_C1 0	Surplus_C2 0	Artificial_C2 0	Artificial_C3 0	R. H. S.	Ratio
Slack_C1	0	0	0	0	1.0000	-0.5000	0.5000	-0.5000	0	M
X2	0	0	1.0000	0.3333	0	0	0	0.3333	3.0000	9.0000
X1	-3.0000	1.0000	0	0.6667	0	0.5000	-0.5000	0.1667	1.0000	1.5000
	C(j)-Z(j)	0	0	3.0000	0	1.5000	-1.5000	0.5000	-3.0000	
	* Big M	0	0	0	0	0	-1.0000	-1.0000	0	

图 2-39　例 2.4 的单纯形法求解步骤 2

Basis	C(j)	X1 -3.0000	X2 0	X3 1.0000	Slack_C1 0	Surplus_C2 0	Artificial_C2 0	Artificial_C3 0	R. H. S.	Ratio
Slack_C1	0	0	0	0	1.0000	-0.5000	0.5000	-0.5000	0	
X2	0	-0.5000	1.0000	0	0	-0.2500	0.2500	0.2500	2.5000	
X3	1.0000	1.5000	0	1.0000	0	0.7500	-0.7500	0.2500	1.5000	
C(j)-Z(j)		-4.5000	0	0	0	-0.7500	0.7500	-0.2500	1.5000	
* Big M		0	0	0	0	0	-1.0000	-1.0000	0	

图 2-40　例 2.4 的单纯形法求解步骤 3

由以上求解步骤可得，模型的最优解为 $x_1 = 0$、$x_2 = 2.5$、$x_3 = 1.5$，目标函数的最大值为 1.5。

2.5　使用 MATLAB 软件求解线性规划问题

线性规划问题的目标函数求的是最大值或最小值，约束条件的不等式符号可以是小于等于号也可以是大于等于号。为了利用 MATLAB 软件求解线性规划问题，将模型转化成如下形式：

$$\min_{x} \boldsymbol{f}^{\mathrm{T}} \boldsymbol{x}$$

$$\text{s.t.} \begin{cases} \boldsymbol{A} \cdot \boldsymbol{x} \leq \boldsymbol{b} \\ \mathbf{Aeq} \cdot \boldsymbol{x} = \mathbf{beq} \\ \mathbf{lb} \leq \boldsymbol{x} \leq \mathbf{ub} \end{cases}$$

式中，$\boldsymbol{f}$、$\boldsymbol{x}$、$\boldsymbol{b}$、$\mathbf{beq}$、$\mathbf{lb}$、$\mathbf{ub}$ 为向量；$\boldsymbol{A}$、$\mathbf{Aeq}$ 为矩阵。再调用 linprog 函数来求解模型。

2.5.1　实验目的

（1）熟悉 MATLAB 软件求解线性规划模型的基本命令和 M 文件的编写。

（2）了解 MATLAB 软件优化工具箱求解线性规划问题的方法。

2.5.2　实验内容

例 2.5　利用 MATLAB 软件求解例 2.1 中的线性规划问题 1。

求解问题的数学模型为

$$\max z = 3x_1 + x_2 + 3x_3$$

$$\text{s.t.} \begin{cases} 2x_1 + x_2 + x_3 \leq 2 \\ x_1 + 2x_2 + 3x_3 \leq 5 \\ 2x_1 + 2x_2 + x_3 \leq 6 \\ x_1, x_2, x_3 \geq 0 \end{cases}$$

1. 方法 1

（1）打开 MATLAB 软件，单击"File"选项，选择"New"→"Function"选项，新建一个 M 文件。在 M 文件编辑窗口中输入如下语句，在 MATLAB 软件编辑窗口中输入的模型如图 2-41 所示。

```
function [x,fval]=LPexample()
f=[-3,-1,-3];
A=[2,1,1;1,2,3;2,2,1];b=[2,5,6];
lb=[0,0];ub=[];
Aeq=[];beq=[];
[x,fval]=linprog(f,A,b,Aeq,beq,lb,ub);
```

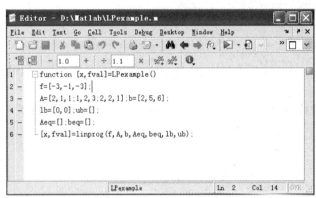

图 2-41　在 MATLAB 软件编辑窗口中输入的模型

（2）选择"Debug"→"Run LPexample.m"菜单命令（见图 2-42）或单击工具栏中的 ▶ 图标，运行模型。

（3）运行结果显示在命令窗口中（见图 2-43）。

图 2-42　菜单命令的操作步骤

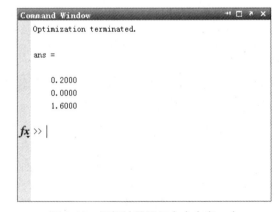

图 2-43　运行结果显示在命令窗口中

2. 方法 2

（1）单击 MATLAB 软件窗口中的"Start"按钮，选择"Toolboxes"→"Optimization"选项，打开优化工具箱。

（2）在优化工具箱对话框中，在"Solver"下拉列表中选择"linprog-Linear programming"选项，在"Problem"文本框中输入目标函数、不等式约束、等式约束及变量上限与下限（见图 2-44）。

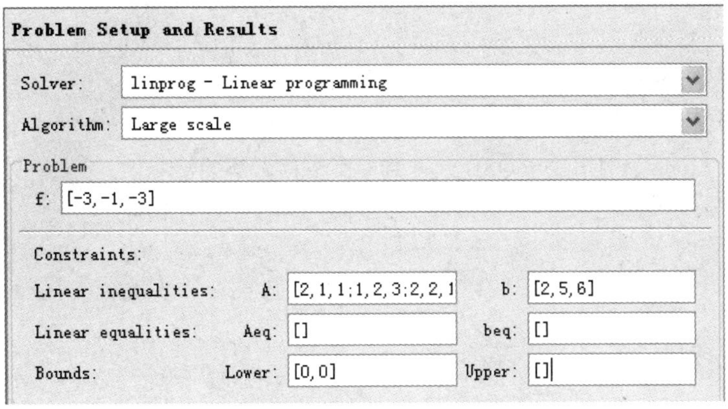

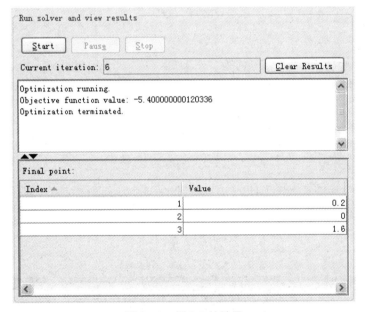

图 2-44　优化工具箱对话框

（3）单击"Start"按钮运行，得到例 2.5 的结果（见图 2-45）。

图 2-45　例 2.5 的结果

由以上求解步骤可得，线性规划问题的最优解为 $x_1 = 0.2$、$x_2 = 0$、$x_3 = 1.6$，目标函数最大值为 5.4。

练 习

1. 用 WinQSB 软件的图解法求解下列线性规划问题。

（1） $\max z = 10x_1 + 5x_2$

$$\text{s.t.} \begin{cases} 3x_1 + 4x_2 \leqslant 9 \\ 5x_1 + 2x_2 \leqslant 8 \\ x_1, x_2 \geqslant 0 \end{cases}$$

（2） $\min z = 6x_1 + 4x_2$

$$\text{s.t.} \begin{cases} 2x_1 + x_2 \geqslant 1 \\ 3x_1 + 4x_2 \geqslant 1.5 \\ x_1, x_2 \geqslant 0 \end{cases}$$

2. 用 LINDO/Lingo 软件和 WinQSB 软件判断下列问题解的情况。

（1） $\max z = 4x_1 + 8x_2$

$$\text{s.t.} \begin{cases} 2x_1 + 2x_2 \leqslant 10 \\ -x_1 + x_2 \leqslant 8 \\ x_1, x_2 \geqslant 0 \end{cases}$$

（2） $\min z = 50x_1 + 100x_2$

$$\text{s.t.} \begin{cases} x_1 + x_2 \geqslant 300 \\ 2x_1 + x_2 \geqslant 400 \\ x_2 \leqslant 250 \\ x_1, x_2 \geqslant 0 \end{cases}$$

（3） $\max z = 2x_1 + 2x_2$

$$\text{s.t.} \begin{cases} x_1 - x_2 \geqslant -1 \\ -0.5x_1 + x_2 \leqslant 2 \\ x_1, x_2 \geqslant 0 \end{cases}$$

（4） $\min z = 3x_1 + 9x_2$

$$\text{s.t.} \begin{cases} x_1 + 3x_2 \leqslant 22 \\ -x_1 + x_2 \leqslant 4 \\ 2x_1 - 5x_2 \leqslant 0 \\ x_2 \leqslant 6 \\ x_1, x_2 \geqslant 0 \end{cases}$$

3. 用四种软件求解下列线性规划问题。

（1） $\max z = -3x_1 + x_2 - 2x_3$

$$\text{s.t.} \begin{cases} x_1 + x_2 + x_3 \geqslant 4 \\ -2x_1 + x_2 - 2x_3 \leqslant 12 \\ 3x_1 + 2x_2 + x_3 \leqslant 16 \\ x_1, x_2, x_3 \geqslant 0 \end{cases}$$

（2） $\max z = 10x_1 + 24x_2 + 20x_3 + 20x_4 + 25x_5$

$$\text{s.t.} \begin{cases} x_1 + x_2 + 2x_3 + 3x_4 + 5x_5 \leqslant 19 \\ 2x_1 + 4x_2 + 3x_3 + 2x_4 + x_5 \leqslant 57 \\ x_j \geqslant 0 \quad (j = 1, 2, \cdots, 5) \end{cases}$$

4. 某城市的空气污染十分严重，市政府准备制订一个减少污染的环保计划，要求每年减少碳氢化合物排放量 50 万吨，二氧化硫 60 万吨，固体尘埃 80 万吨。研究部门提供的各种减排方案的减排量和成本之间的关系如表 2-1 所示。试求总成本最小的方案。

表 2-1　减排量和成本之间的关系

减排效果	技术方案			
	减少机动车数量	安装烟囱除硫、安装除尘器	提高能源利用效率	关闭高污染的工厂
碳氢化合物/万吨	60	30	70	45
二氧化硫/万吨	55	70	65	55
固体尘埃/万吨	70	100	80	70
成本/万元	1500	3000	2500	2000

5. 某公司现有 68 名员工申请提前退休。公司必须在此后的 8 年内，对这些员工分期支付一定数量的现金，年支出现金数量如表 2-2 所示。为了完成这项现金支付任务，公司的财务人员必须现在就为此制订一个投资计划。投资计划由政府债券投资和银行储蓄两种方式组成，而政府债券投资又有三种债券类型可供选择，如表 2-3 所示。三种债券的票面价格均为 1000 元，债券到期时按票面价格进行支付，利率的计算也以票面价格为基准；银行储蓄的年利率为 4%。如何安排投资计划，可以使公司以最小的投资额完成对退休员工的现金支付任务？

表 2-2　年支出现金数量　　　　　　　　　　　　　　　　　单位：万元

年数	1	2	3	4	5	6	7	8
现金支付	430	210	222	231	240	195	225	225

表 2-3　三种债券类型

债券	价格/元	利率/%	到期年限
1	1150	8.875	5
2	1000	5.500	6
3	1350	11.750	7

6. 某厂生产甲、乙、丙三种产品。每种产品要经过 A、B 两道工序加工。设该厂有两种规格的设备能完成 A 工序，它们以 A_1、A_2 表示；有三种规格的设备能完成 B 工序，它们以 B_1、B_2、B_3 表示。产品甲可在 A、B 任何一种规格设备上加工。产品乙可在任何规格的 A 设备上加工，但完成 B 工序时，只能在 B_1 设备上加工；产品丙只能在 A_2 与 B_2 设备上加工。已知在各种机床设备上的单件工时、原材料费、产品销售价格、各种设备有效台时及满负荷操作时机床设备的费用，各种机床设备及相关数据如表 2-4 所示，试求最优的生产计划，使该厂利润最大化。

表 2-4　各种机床设备及相关数据

设备	产品			设备有效台时/h	满负荷操作时机床设备的费用/元
	甲	乙	丙		
A_1	5	10		6000	300
A_2	7	9	12	10000	321
B_1	6	8		4000	250
B_2	4		11	7000	783
B_3	7			4000	200
原材料费/（元/件）	0.25	0.35	0.50		
单价/（元/件）	1.25	2.00	2.80		

第 3 章 对偶理论与灵敏度分析实验

3.1 基础知识

每一个线性规划问题都存在一个与其匹配的线性规划问题，我们称其中一个问题为原问题，另一个问题为对偶问题。研究原问题与对偶问题内在联系的对偶理论，在经济学中有着重要的应用。

原问题与对偶问题可以表示成如下形式：

原问题（对偶问题）

$$\max z = \sum_{j=1}^{n} c_j x_j$$

$$\text{s.t.} \begin{cases} \sum_{j=1}^{n} a_{ij} x_j \leqslant b_i & (i = 1, 2, \cdots, m) \\ x_j \geqslant 0 & (j = 1, 2, \cdots, n) \end{cases}$$

对偶问题（原问题）

$$\min w = \sum_{i=1}^{m} b_i y_i$$

$$\text{s.t.} \begin{cases} \sum_{i=1}^{m} a_{ij} y_i \geqslant c_i & (j = 1, 2, \cdots, n) \\ y_i \geqslant 0 & (i = 1, 2, \cdots, m) \end{cases}$$

式中，b_i 是第 i 种资源的拥有量；对偶变量 y_i 是第 i 种资源的单位估价，称为对偶价格（或影子价格）。

灵敏度分析是求解线性规划问题的重要内容之一。线性规划问题的灵敏度分析研究的是，当一个或多个参数发生变化时，线性规划问题的最优解会发生怎样的变化；或者当这些参数在怎样的范围内变化时，最优解不会发生变化。

灵敏度分析的类型有以下三种。

1）分析约束条件右端项 b_i 变化的影响

在实际问题中，b_i 的变化表明可用资源的数量发生变化，反映在最终单纯形表上将引起最优解 b 列数据的变化：

（1）若 $\boldsymbol{B}^{-1}\boldsymbol{b} < 0$，则用对偶单纯形法继续迭代。

（2）若 $\boldsymbol{B}^{-1}\boldsymbol{b} \geqslant 0$，则保持最优基不变，因而对偶价格不变。

式中，$\boldsymbol{B}^{-1}$ 为线性规划问题标准型中基变量 X_B 的系数矩阵 $\boldsymbol{B}$ 的逆矩阵。

2）目标函数系数 c_j 变化的影响

c_j 的变化只影响检验数 $c_j - z_j$ 的变化，因此需计算非基变量的检验数：

（1）若 $\boldsymbol{C}_N - \boldsymbol{C}_B \boldsymbol{B}^{-1} \boldsymbol{N} > 0$，则用单纯形法继续迭代求最优解。

（2）若 $\boldsymbol{C}_N - \boldsymbol{C}_B \boldsymbol{B}^{-1} \boldsymbol{N} \leqslant 0$，则保持最优解不变。

式中，$\boldsymbol{C}_B$ 是目标函数中基变量 X_B 的系数行向量；$\boldsymbol{C}_N$ 是目标函数中非基变量 X_N 的系数行向量；

N 是约束条件中非基变量的系数矩阵。

3）增加一个变量 x_j 的分析

首先计算所增加变量的检验数

$$\sigma_j = c_j - \sum_{i=1}^{m} a_{ij} y_i^*$$

然后计算 $P_j' = B^{-1} P_j$：

（1）若 $\sigma_j > 0$，则按单纯形法继续计算以找出最优解。

（2）若 $\sigma_j \leq 0$，则原最优解不变，将 P_j' 和 σ_j 直接写入单纯形表。

式中，P_j 是新增加变量 x_j 在约束条件中的系数向量。

3.2　使用 LINDO 软件进行灵敏度分析

3.2.1　实验目的

（1）熟悉 LINDO 软件进行灵敏度分析的方法、步骤。

（2）通过 LINDO 软件进行灵敏度分析，了解线性规划模型中各参数的变化对最优解的影响。

3.2.2　实验内容

例 3.1　某工厂计划生产甲、乙两种产品，已知生产单位产品所需的设备台时及原材料 A、B 的消耗量，如表 3-1 所示。该工厂每生产一件产品甲可获得 2 元利润，每生产一件产品乙可获得 5 元利润。求该工厂如何安排生产计划，可使获得的利润最多？并进行灵敏度分析。

表 3-1　生产单位产品所需的设备台时及原材料消耗量

项目	产品甲	产品乙	最大限值
设备台时	3	2	18
原材料 A	1	0	4
原材料 B	0	2	12

设 x_1、x_2 分别表示甲乙两种产品的产量，该问题的数学模型表示为

$$\max z = 2x_1 + 5x_2$$

$$\text{s.t.} \begin{cases} 3x_1 + 2x_2 \leq 18 \\ x_1 \leq 4 \\ 2x_2 \leq 12 \\ x_1, x_2 \geq 0 \end{cases}$$

利用 LINDO 软件求解的步骤如下所示。

（1）打开 LINDO 软件，在编辑窗口中输入模型（见图 3-1）。

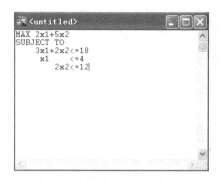

图 3-1　在编辑窗口中输入模型

（2）选择"Solve"菜单中的"Solve"选项或单击工具栏中的 ▣ 按钮，弹出对话框，询问是否进行灵敏度分析（见图 3-2），单击"是"按钮，得到模型结果（见图 3-3）。

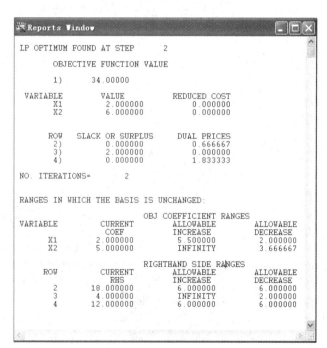

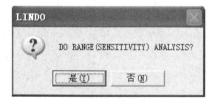

图 3-2　询问是否进行灵敏度分析对话框　　　　图 3-3　模型结果

由以上求解的结果可知，最优解为 $x_1=2$、$x_2=6$，最优值为 34。"DUAL PRICES"给出了对偶价格的值。由"OBJ COEFFICIENT RANGES"可知，变量 x_1 的价值系数为 2，"ALLOWABLE INCREASE"为 5.5，"ALLOWABLE DECREASE"为 2；变量 x_2 的价值系数为 5，"ALLOWABLE INCREASE"为无穷大，"ALLOWABLE DECREASE"为 3.666667。说明在目标函数中，当 x_1 的系数在 [0,7.5] 范围内变化，或 x_2 的系数在 [1.333333, $+\infty$) 范围内变化时，最优解不变。类似地，由"RIGHTHAND SIDE RANGES"可知，当第一个约束条件的右端项的变化范围是 [12,24]，或第二个

约束条件的右端项的变化范围是[2, +∞)，或第三个约束条件的右端项的变化范围是[6,18]时，与其对应的约束条件的对偶价格不变。

3.3 使用 Lingo 软件求解对偶问题和进行灵敏度分析

应用 Lingo 软件可以方便地求解线性规划问题并进行灵敏度分析。灵敏度分析是在求解模型的同时进行的，但是 Lingo 软件默认是不激活的，因此在求解模型时首先将灵敏度分析设置成激活状态。

选择"LINGO"→"Options"菜单命令，如图 1-12 所示弹出对话框，再单击"General Solver"选项卡，在"Dual Computations"下拉列表中选择"Prices & Ranges"选项，即可激活灵敏度分析。

灵敏度分析会耗费较多的求解时间，因此当对运行速度有要求时，就没有必要激活它。

3.3.1 实验目的

（1）熟悉利用 Lingo 软件求解线性规划问题的对偶问题的方法。

（2）了解 Lingo 软件进行灵敏度分析的方法步骤，并进一步理解各参数的变化对线性规划问题最优解的影响。

3.3.2 实验内容

例 3.2 利用 Lingo 软件求解线性规划问题的对偶问题。

$$\max z = x_1 + 2x_2 + 3x_3 + 4x_4$$

$$\text{s.t.} \begin{cases} -x_1 + x_2 - x_3 - 3x_4 = 5 \\ 6x_1 + 7x_2 + 3x_3 - 5x_4 \geq 8 \\ 12x_1 - 9x_2 - 9x_3 + 9x_4 \leq 20 \\ x_1, x_2 \geq 0, \quad x_3 \leq 0, \quad x_4 \text{ 无约束} \end{cases}$$

利用 Lingo 软件求解的步骤如下所示。

（1）打开 Lingo 软件，在编辑窗口中输入模型（见图 3-4）。

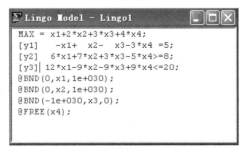

图 3-4 在编辑窗口中输入模型

（2）选择"LINGO"→"Generate"→"Dual model"菜单命令，求解对偶问题（见图 3-5）。

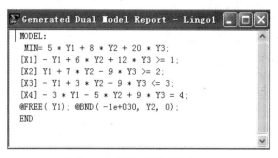

图 3-5　求解对偶问题窗口

由以上求解结果可知，y_1、y_2 和 y_3 是对偶变量。变量 y_1 无约束，变量 $y_2 \leqslant 0$，变量 $y_3 \geqslant 0$。

例 3.3　利用 Lingo 软件求解例 3.1。

例 3.1 的线性规划问题的数学模型为

$$\max z = 2x_1 + 5x_2$$

$$\text{s.t.} \begin{cases} 3x_1 + 2x_2 \leqslant 18 \\ x_1 \leqslant 4 \\ 2x_2 \leqslant 12 \\ x_1, x_2 \geqslant 0 \end{cases}$$

利用 Lingo 软件求解的步骤如下所示。

（1）在 Lingo 软件的编辑窗口中输入模型（见图 3-6）。

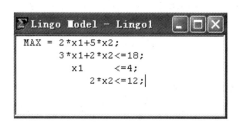

图 3-6　在 Lingo 软件的编辑窗口中输入模型

（2）选择"LINGO"→"Options"菜单命令，弹出"Lingo Options"对话框，单击"General Solver"选项卡，在"Dual Computations"下拉列表中选择"Prices & Ranges"选项（见图 3-7），单击"OK"按钮。

（3）选择"LINGO"→"Solve"菜单命令，求解模型；选择"LINGO"→"Solution"菜单命令，弹出解报告窗口（见图 3-8）；选择"LINGO"→"Range"菜单命令，弹出灵敏度分析报告窗口（见图 3-9）。

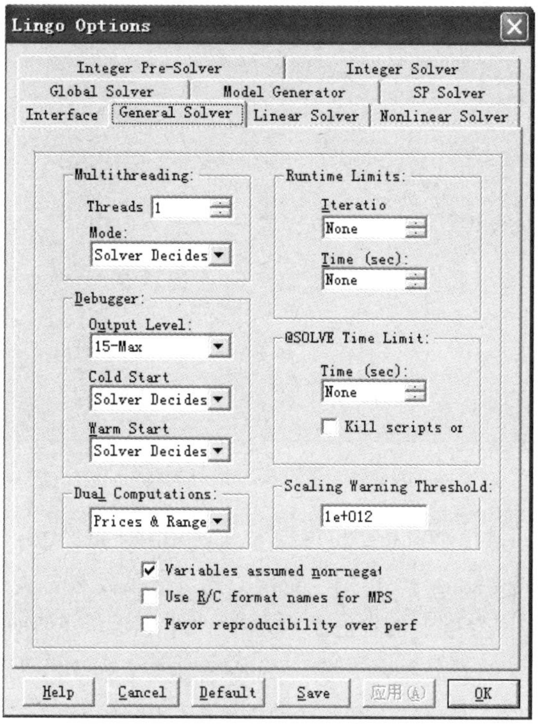

图 3-7　“Lingo Options”对话框

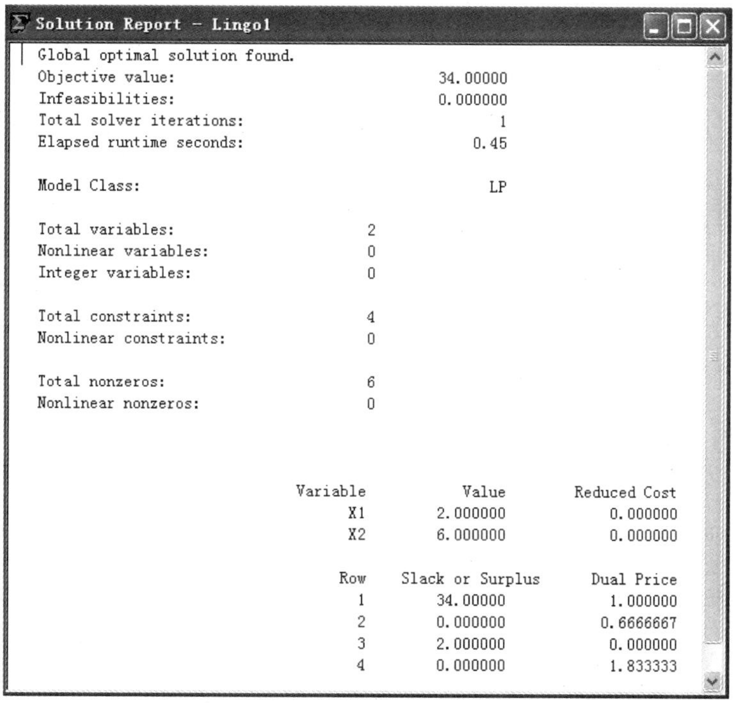

Solution Report - Lingo1

```
Global optimal solution found.
Objective value:                              34.00000
Infeasibilities:                              0.000000
Total solver iterations:                             1
Elapsed runtime seconds:                          0.45

Model Class:                                        LP

Total variables:                    2
Nonlinear variables:                0
Integer variables:                  0

Total constraints:                  4
Nonlinear constraints:              0

Total nonzeros:                     6
Nonlinear nonzeros:                 0

                      Variable          Value        Reduced Cost
                            X1       2.000000            0.000000
                            X2       6.000000            0.000000

                           Row   Slack or Surplus      Dual Price
                             1       34.00000            1.000000
                             2       0.000000           0.6666667
                             3       2.000000            0.000000
                             4       0.000000            1.833333
```

图 3-8　解报告窗口

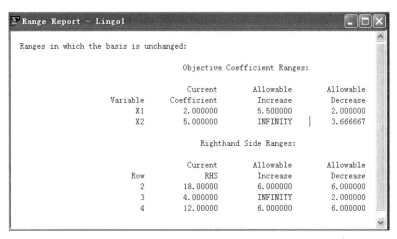

图 3-9   灵敏度分析报告窗口

由以上求解结果可知，最优解为 $x_1 = 2$、$x_2 = 6$，最优值为 34。"Dual Price"给出了对偶价格的值。由"Objective Coefficient Ranges"可知，变量 x_1 的价值系数为 2，"Allowable Increase"为 5.5，"Allowable Decrease"为 2；变量 x_2 的价值系数为 5，"Allowable Increase"为无穷大，"Allowable Decrease"为 3.666667。说明在目标函数中，当 x_1 的系数在[0,7.5]范围内变化，或 x_2 的系数在[1.333333, $+\infty$)范围内变化时，最优解不变。由"Righthand Side Ranges"可知，当第一个约束条件的右端项需要在[12,24]范围内变化，第二个约束条件的右端项需要在[2, $+\infty$)范围内变化，第三个约束条件的右端项需要在[6,18]范围内变化时，与其对应的约束条件的对偶价格不变。

3.4　使用 WinQSB 软件求解对偶问题和进行灵敏度分析

WinQSB 软件中的"Linear and Integer Programming"模块，可用来求解对偶问题和进行灵敏度分析。该软件在求解线性规划问题时，可以给出对偶问题，并对价值系数和资源变量进行灵敏度分析。

3.4.1　实验目的

（1）熟悉利用 WinQSB 软件求解线性规划问题的对偶问题的方法。

（2）了解 WinQSB 软件进行灵敏度分析的方法、步骤，并进一步分析各参数的变化对线性规划问题的影响。

3.4.2　实验内容

例 3.4　利用 WinQSB 软件求解例 3.2。

例 3.2 中原问题的数学模型为

$$\max z = x_1 + 2x_2 + 3x_3 + 4x_4$$

$$\text{s.t.} \begin{cases} -x_1 + x_2 - x_3 - 3x_4 = 5 \\ 6x_1 + 7x_2 + 3x_3 - 5x_4 \geqslant 8 \\ 12x_1 - 9x_2 - 9x_3 + 9x_4 \leqslant 20 \\ x_1, x_2 \geqslant 0, \quad x_3 \leqslant 0, \quad x_4 \text{ 无约束} \end{cases}$$

利用 WinQSB 软件求解的步骤如下所示。

（1）选择"开始"→"程序"→"WinQSB"→"Linear and Integer Programming"→"File"→"New Problem"菜单命令，弹出"LP-ILP Problem Specification"对话框（见图 3-10），输入模型信息，单击"OK"按钮。

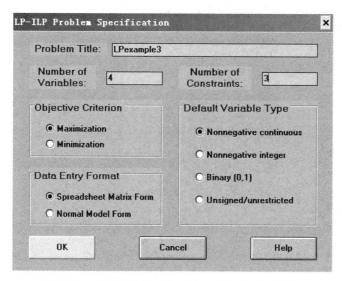

图 3-10　"LP-ILP Problem Specification"对话框

（2）在 WinQSB 软件的编辑窗口中输入模型（见图 3-11）。

Variable -->	X1	X2	X3	X4	Direction	R. H. S.
Maximize	1	2	3	4		
C1	-1	1	-1	-3	=	5
C2	6	7	3	-5	>=	8
C3	12	-9	-9	9	<=	20
LowerBound	0	0	-M	-M		
UpperBound	M	M	0	M		
VariableType	Continuous	Continuous	Continuous	Continuous		

图 3-11　在 WinQSB 软件的编辑窗口中输入模型

（3）选择"Format"→"Switch to Dual Form"菜单命令，得到对偶问题的数学模型（见图 3-12）。

Variable -->	C1	C2	C3	Direction	R. H. S.
Minimize	5	8	20		
X1	-1	6	12	>=	1
X2	1	7	-9	>=	2
X3	-1	3	-9	<=	3
X4	-3	-5	9	=	4
LowerBound	-M	-M	0		
UpperBound	M	0	M		
VariableType	Unrestricted	Continuous	Continuous		

图 3-12　对偶问题的数学模型

（4）选择"Edit"→"Variable Names"菜单命令，弹出对偶变量名对话框，更改对偶变量名（见图 3-13），再单击"OK"按钮，得到如图 3-14 所示的对偶模型。

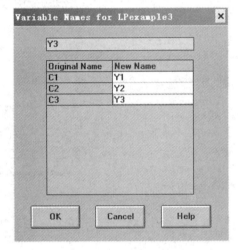

图 3-13　更改对偶变量名

Variable -->	Y1	Y2	Y3	Direction	R. H. S.
Minimize	5	8	20		
X1	-1	6	12	>=	1
X2	1	7	-9	>=	2
X3	-1	3	-9	<=	3
X4	-3	-5	9	=	4
LowerBound	-M	-M	0		
UpperBound	M	0	M		
VariableType	Unrestricted	Continuous	Continuous		

图 3-14　对偶模型

由以上求解结果可知，对偶问题的数学模型为

$$\min z = 5y_1 + 8y_2 + 20y_3$$

$$\text{s.t.}\begin{cases} -y_1 + 6y_2 + 12y_3 \geq 1 \\ y_1 + 7y_2 - 9y_3 \geq 2 \\ -y_1 + 3y_2 - 9y_3 \leq 3 \\ -3y_1 - 5y_2 + 9y_3 = 4 \\ y_1\text{无约束}, \quad y_2 \leq 0, \quad y_3 \geq 0 \end{cases}$$

例 3.5 某小型豆制品加工厂用大豆生产甲、乙两种豆制品。一袋大豆在设备 A 上加工 12h，可制成 3kg 甲产品；或者在设备 B 上加工 8h，可制成 4kg 乙产品。每千克甲产品获利 24 元，每千克乙产品获利 16 元。现每天获得 50 袋大豆的供应量，每天正式工人总的劳动时间为 480h，设备 A 每天至多能加工 100kg 甲产品，设备 B 可以无限地加工乙产品。求该加工厂如何制订生产计划，可以使得每天的获利最大？并进行灵敏度分析。

设这个小型加工厂每天使用 x_1、x_2 袋大豆生产甲、乙两种产品，则该问题可以建立如下的数学模型：

$$\max z = 72x_1 + 64x_2$$

$$\text{s.t.}\begin{cases} x_1 + x_2 \leq 50 \\ 12x_1 + 8x_2 \leq 480 \\ 3x_1 \leq 100 \\ x_1, x_2 \geq 0 \end{cases}$$

利用 WinQSB 软件求解的步骤如下所述。

（1）选择"开始"→"程序"→"WinQSB"→"Linear and Integer Programming"→"File"→"New Problem"菜单命令，弹出"LP-ILP Problem Specification"对话框（见图 3-15），输入模型信息，单击"OK"按钮。

（2）在 WinQSB 软件的编辑窗口中输入模型（见图 3-16）。

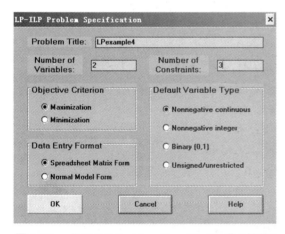

Variable -->	X1	X2	Direction	R. H. S.
Maximize	72	64		
C1	1	1	<=	50
C2	12	8	<=	480
C3	3	0	<=	100
LowerBound	0	0		
UpperBound	M	M		
VariableType	Continuous	Continuous		

图 3-15 "LP-ILP Problem Specification"对话框　　图 3-16 在 WinQSB 软件的编辑窗口中输入模型

（3）选择"Solve and Analyze"→"Solve the Problem"菜单命令，得到模型结果（见图 3-17）。

	Decision Variable	Solution Value	Unit Cost or Profit c(j)	Total Contribution	Reduced Cost	Basis Status	Allowable Min. c(j)	Allowable Max. c(j)
1	X1	20.0000	72.0000	1,440.0000	0	basic	64.0000	96.0000
2	X2	30.0000	64.0000	1,920.0000	0	basic	48.0000	72.0000
	Objective	Function	(Max.) =	3,360.0000				
	Constraint	Left Hand Side	Direction	Right Hand Side	Slack or Surplus	Shadow Price	Allowable Min. RHS	Allowable Max. RHS
1	C1	50.0000	<=	50.0000	0	48.0000	43.3333	60.0000
2	C2	480.0000	<=	480.0000	0	2.0000	400.0000	533.3333
3	C3	60.0000	<=	100.0000	40.0000	0	60.0000	M

图 3-17　模型结果

由求解结果可知，最优解为 $x_1 = 20$、$x_2 = 30$，最优值为 3360 元。在目标函数中，决策变量 x_1 和 x_2 的系数在[64, 96]和[48, 72]范围内变化时，最优解不变，此时要注意只在两者中的其一发生变化时才成立。变量 x_1 的系数允许变化范围，是在 x_2 的系数为 64 时得到的；同样，变量 x_2 的系数允许变化范围，是在 x_1 的系数为 72 时得到的。约束条件的右端项分别在[43.3333, 60]、[400, 533.3333] 和[60, +∞)范围变化时，与其对应的约束条件的对偶价格不变，此时同样要注意只在三者中的其一发生变化时才成立。

练　习

1．求下列原问题的对偶问题。

（1）$\max z = 2x_1 + 2x_2 + 4x_3$

$$\text{s.t.}\begin{cases} 2x_1 + 3x_2 + 5x_3 \geqslant 2 \\ 3x_1 + x_2 + 7x_3 \leqslant 3 \\ x_1 + 4x_2 + 6x_3 = 5 \\ x_2 \leqslant 0, \quad x_3 \geqslant 0 \end{cases}$$

（2）$\max z = 3x_1 - 2x_2 - 5x_3 + 7x_4$

$$\text{s.t.}\begin{cases} 2x_1 + 3x_2 - 2x_3 + 7x_4 \geqslant -2 \\ -x_1 + 2x_3 - 2x_4 \leqslant -3 \\ 2x_1 - x_2 + 4x_3 - x_4 \geqslant 8 \\ x_1, x_2 \geqslant 0, \quad x_3 \leqslant 0 \end{cases}$$

2．已知线性规划问题

$$\max z = x_1 + 2x_2 + 4x_3 + x_4$$

$$\text{s.t.}\begin{cases} 3x_1 + 9x_3 + 5x_4 \leqslant 15 \\ 6x_1 + 4x_2 + x_3 + 7x_4 \leqslant 30 \\ 4x_2 + 3x_3 + 4x_4 \leqslant 20 \\ 5x_1 + x_2 + 8x_3 + 3x_4 \leqslant 40 \\ x_1, x_2, x_3, x_4 \geqslant 0 \end{cases}$$

（1）写出对偶问题；

（2）求原问题和对偶问题的最优解；

（3）求价值系数和约束条件的右端项的最大允许变化范围；

（4）目标函数的系数改为 $C = (4, 2, 6, 1)$，同时常数改为 $b = (20, 40, 20, 40)^{\text{T}}$，求最优解。

3．某工厂利用原材料甲、乙、丙生产产品 A、B、C。生产每件产品时所消耗的原材料、每月供应的原材料和每件产品的利润如表 3-2 所示，根据表格解决以下问题。

表 3-2　生产每件产品时所消耗的原材料、每月供应的原材料和每件产品的利润

项目	产品 A	产品 B	产品 C	每月供应的原材料/kg
原材料甲	2	1	1	200
原材料乙	1	2	3	500
原材料丙	2	2	1	600
每件产品的利润/元	4	1	3	

（1）如何安排生产计划，使总利润最大化？

（2）若增加 1kg 原材料甲，总利润增加多少？

（3）设原材料乙的市场价格为 1.2 元/千克，若要转卖原材料乙，工厂应至少叫价多少？

（4）单位产品利润分别在什么范围内变化时，原生产计划不变？

（5）原材料分别单独在什么范围内波动时，仍只生产 A 和 C 两种产品？

（6）假设由于市场的变化，产品 B、C 的单件利润变为 3 元和 2 元，这时应如何调整生产计划？

4. 某公司打算在三个工厂生产两种新产品，涉及的数据如表 3-3 所示。

表 3-3　生产两种新产品涉及的数据

		门	窗	每日可用时间
所需时间/h	工厂 1	1	0	4
	工厂 2	0	2	12
	工厂 3	3	2	18
单位利润/元		300	500	

求得的最优解：每日生产门 2 个，窗 6 个，总利润为 3600 元。

对于研究者提出的这个方案，管理层通过讨论后，提出以下问题，请给予解答。

（1）如果新产品中，有一个产品的单位利润估计值不准确，将会发生怎样的情况？（比如，现在估计门的单位利润是每个 300 元，该价格可以在多大程度上偏离实际值，而最优解不变。）

（2）如果两种新产品的单位利润都估计不准确，该如何处理呢？

（3）如果某个工厂的可用时间发生变化，将会对结果产生什么影响？

（4）如果三个工厂的可用时间都发生变化，将会对结果产生什么影响？

第4章 整数规划实验

4.1 基础知识

整数规划是指决策变量的取值限制为整数值的数学规划。整数规划分为三类：若所有的决策变量都要求取整数值，则称为纯整数规划；若部分变量要求取整数值，则称为混合整数规划；若变量只要求取 0 和 1，则称为 0-1 整数规划。整数规划问题去掉取整约束后得到的线性规划问题称为原整数规划问题的松弛问题。

分支定界法的主要步骤如下：

（1）首先求解整数规划问题的松弛问题的最优解，若最优解满足整数要求，则该解是整数规划问题的最优解。否则转入下一步骤。

（2）在松弛问题中分别增加约束条件，分成若干子问题进行分支。取整数要求的变量 x_i，设 $x_i = a$，由此产生约束条件 $x_i \leqslant \lfloor a \rfloor$ 和 $x_i \geqslant \lceil a \rceil + 1$。

（3）求解各分支的线性规划问题。若存在需要继续分支的情况转到步骤（2）；否则停止分支解出满足整数要求的解，比较各分支的最优值得到满足目标函数要求的最优解。

0-1 整数规划问题的数学模型为

$$\max z = \sum_{j=1}^{n} c_j x_j$$

$$\text{s.t.} \begin{cases} \sum_{j=1}^{n} a_{ij} x_j \leqslant (\text{或} =, \geqslant) b_i & (i = 1, 2, \cdots, m) \\ x_j = 0 \text{或} 1 & (j = 1, 2, \cdots, n) \end{cases}$$

当决策变量的个数 n 不是很大时，利用穷举法求解 0-1 整数规划问题，即对 $x_1, x_2, \cdots, x_n$ 所有变量的 0 和 1 的组合，比较目标函数值，得到最优解。

4.2 使用 LINDO 软件求解整数规划问题

4.2.1 实验目的

（1）熟悉一般整数规划问题和 0-1 整数规划问题的 LINDO 软件求解方法。

（2）熟悉 LINDO 软件的整数限制命令 GIN 和 0-1 限制命令 INT。

4.2.2 实验内容

例 4.1 用 LINDO 软件求解整数规划问题。

$$\max z = 4x_1 + 9x_2$$

$$\text{s.t.} \begin{cases} 9x_1 + 7x_2 \leqslant 56 \\ 7x_1 + 20x_2 \leqslant 70 \\ x_1, x_2 \geqslant 0 \ \text{且为整数} \end{cases}$$

（1）打开 LINDO 软件，在编辑窗口中输入需要求解的模型，如图 4-1 所示。

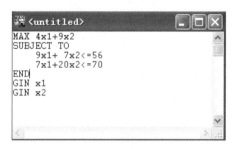

图 4-1　在编辑窗口中输入需要求解的模型

（2）单击"Solve"菜单中的"Solve"选项或单击工具栏中的 按钮，求解该模型，得到下列结果（见图 4-2）。

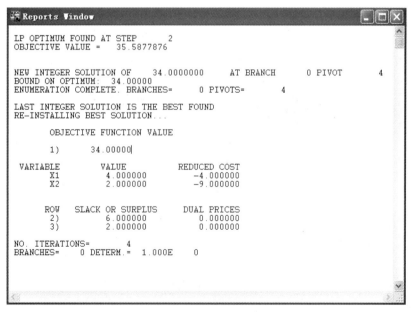

图 4-2　求解的例 4.1 模型的结果

由以上求解结果可知，整数规划问题的最优解为 $x_1 = 4$、$x_2 = 2$，目标函数的最大值为 34。

例 4.2　某公司三年内有 4 个项目可以考虑投资，各项目的期望收益和每年投资额如表 4-1 所示。假定每个选定的投资项目要在三年内完成。确定应该投资哪些项目，能使该公司可能的期望收益最大。

表 4-1　各项目的期望收益和每年投资额　　　　　　单位：百万元

项目	第 1 年	第 2 年	第 3 年	期望收益
1	5	1	8	20
2	4	7	10	40
3	3	9	2	20
4	8	6	10	30
每年可用资金	18	22	24	

对给定的项目而言，它只有两种可能，要么投资，要么不投资。这两种情况分别对应二进制数中的 1、0，这样的投资问题，多数可考虑用 0-1 整数规划模型来求解。

设决策变量为 $x_j = \begin{cases} 1, & \text{投资第} j \text{个项目} \\ 0, & \text{不投资第} j \text{个项目} \end{cases}$ $(j=1,2,3,4)$，则该投资问题的数学模型为

$$\max z = 20x_1 + 40x_2 + 20x_3 + 30x_4$$

$$\text{s.t.} \begin{cases} 5x_1 + 4x_2 + 3x_3 + 8x_4 \leqslant 18 \\ x_1 + 7x_2 + 9x_3 + 6x_4 \leqslant 22 \\ 8x_1 + 10x_2 + 2x_3 + 10x_4 \leqslant 24 \\ x_j = 0 \text{或} 1 \quad (j=1,2,3,4) \end{cases}$$

利用 LINDO 软件求解 0-1 整数规划问题的步骤如下所示。

（1）在 LINDO 软件的编辑窗口中输入模型（见图 4-3）。

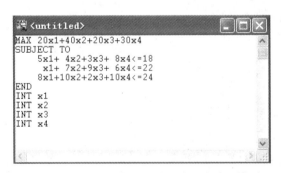

图 4-3　在 LINDO 软件的编辑窗口中输入模型

（2）单击"Solve"菜单中的"Solve"选项或单击工具栏中的◎按钮，求解该模型，得到下列结果（见图 4-4）。

（3）选择"Reports"→"Solution"菜单命令，弹出解报告设置对话框（见图 4-5），选中"Nonzeros Only"单选按钮，单击"OK"按钮，弹出解报告窗口，窗口中只显示非零解（见图 4-6）。

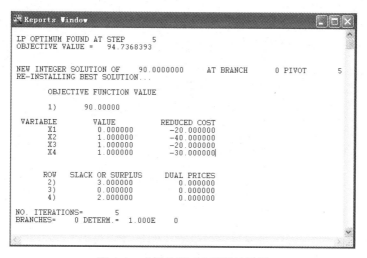

图 4-4　求解的例 4.2 模型的结果

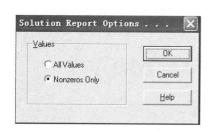

图 4-5　解报告设置对话框

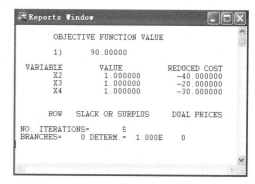

图 4-6　解报告窗口

由求解结果可知，该公司投资第 2～4 个项目可使期望收益最大，最大值为 90 百万元。

4.3　使用 Lingo 软件求解整数规划问题

4.3.1　实验目的

（1）熟悉一般整数规划问题和 0-1 整数规划问题的 Lingo 软件求解方法。

（2）熟悉 Lingo 软件的整数限制函数@GIN（x）和 0-1 限制函数@BIN（x），比较其与 LINDO 软件求解过程的区别。

4.3.2　实验内容

例 4.3　用 Lingo 软件求解例 4.1。

求解问题的数学模型为

$$\max z = 4x_1 + 9x_2$$

$$\text{s.t.} \begin{cases} 9x_1 + 7x_2 \leqslant 56 \\ 7x_1 + 20x_2 \leqslant 70 \\ x_1, x_2 \geqslant 0 \text{ 且为整数} \end{cases}$$

用 Lingo 软件求解整数规划问题的步骤如下所示。

（1）打开 Lingo 软件，在编辑窗口中输入模型（见图 4-7）。

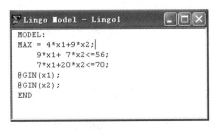

图 4-7　在编辑窗口中输入模型

（2）单击"LINGO"菜单中的"Solve"选项或单击工具栏中的 ◎ 按钮，求解该模型，得到下列结果（见图 4-8）。

```
Solution Report - Lingo1
Global optimal solution found.
Objective value:                        34.00000
Objective bound:                        34.00000
Infeasibilities:                        0.000000
Extended solver steps:                         0
Total solver iterations:                       1
Elapsed runtime seconds:                    0.02

Model Class:                                PILP

Total variables:               2
Nonlinear variables:           0
Integer variables:             2

Total constraints:             3
Nonlinear constraints:         0

Total nonzeros:                6
Nonlinear nonzeros:            0


                Variable           Value        Reduced Cost
                      X1        4.000000           -4.000000
                      X2        2.000000           -9.000000

                     Row   Slack or Surplus          Dual Price
                       1        34.00000            1.000000
                       2        6.000000            0.000000
                       3        2.000000            0.000000
```

图 4-8　求解的例 4.3 模型的结果

由求解结果可知，整数规划问题的最优解为 $x_1 = 4$、$x_2 = 2$，目标函数的最大值为34。

例 4.4 用 Lingo 软件求解例 4.2。

（1）在 Lingo 软件的编辑窗口中输入下面代码：

```
max=20*x1+40*x2+20*x3+30*x4;
    5*x1+ 4*x2+3*x3+ 8*x4<=18;
     x1+ 7*x2+9*x3+ 6*x4<=22;
    8*x1+10*x2+2*x3+10*x4<=24;
@bin(x1);@bin(x2);@bin(x3);@bin(x4);
```

（2）单击"LINGO"菜单中的"Solve"选项或单击工具栏中的 ◎ 按钮，求解该模型，得到下列结果。

```
Global optimal solution found.
 Objective value:                      90.00000
 Objective bound:                      90.00000
 Infeasibilities:                      0.000000
 Extended solver steps:                       0
 Total solver iterations:                     0
 Elapsed runtime seconds:                  0.75

 Model Class:                              PILP


 Total variables:            4
 Nonlinear variables:        0
 Integer variables:          4


 Total constraints:          4
 Nonlinear constraints:      0


 Total nonzeros:            16
 Nonlinear nonzeros:         0




                   Variable           Value         Reduced Cost
```

X1	0.000000	-20.00000
X2	1.000000	-40.00000
X3	1.000000	-20.00000
X4	1.000000	-30.00000

Row	Slack or Surplus	Dual Price
1	90.00000	1.000000
2	3.000000	0.000000
3	0.000000	0.000000
4	2.000000	0.000000

由求解结果可知，该公司投资第 2～4 个项目可使期望收益最大，最大值为 90 百万元。

4.4 使用 WinQSB 软件求解整数规划问题

使用 WinQSB 软件求解整数规划问题的步骤与求解线性规划问题的步骤相同，均需要调用 WinQSB 软件中的 "Linear and Integer Programming" 模块，但在求解过程中需对变量进行整数限制。WinQSB 软件求解整数规划问题是基于表格建模方式的，并能够详细展示求解过程。

4.4.1 实验目的

（1）熟悉 WinQSB 软件求解一般整数规划问题和 0-1 整数规划问题的方法。
（2）通过 WinQSB 软件展示一般整数规划问题的求解步骤，进一步理解分支定界法。

4.4.2 实验内容

例 4.5 用 WinQSB 软件求解例 4.1。

（1）选择"开始"→"程序"→"WinQSB"→ "Linear and Integer Programming"→"File"→ "New Problem" 菜单命令，弹出 "LP-ILP Problem Specification" 对话框如图 4-9 所示。

（2）在 WinQSB 软件的编辑窗口中输入模型（见图 4-10）。

（3）选择 "Solve and Analyze" → "Solve and Display Steps" 菜单命令，可得到整数规划问题对应的松弛问题的最优解（见图 4-11）。

（4）选择 "Simplex Iteration" → "Next Iteration" 选项，可得各分支的解的情况（见图 4-12～图 4-27）。其中，图 4-12 所示为在松弛问题中添加约束条件 $x_1 \geqslant 5$ 后得到的分支的最优解，图 4-13～图 4-27 依次表示该整数规划问题在计算过程中得到的每个分支的解的情况。

图 4-9　"LP-ILP Problem Specification" 对话框

Variable -->	X1	X2	Direction	R. H. S.
Maximize	4	9		
C1	9	7	<=	56
C2	7	20	<=	70
LowerBound	0	0		
UpperBound	M	M		
VariableType	Integer	Integer		

图 4-10　在 WinQSB 软件的编辑窗口中输入模型

11-09-2013 22:50:42	Decision Variable	Lower Bound	Upper Bound	Solution Value	Variable Type	Status
1	X1	0	M	4.8092	Integer	No
2	X2	0	M	1.8168	Integer	No
	Current	OBJ(Maximize)	= 35.5878	>= ZL =	-M	Non-integer

图 4-11　整数规划问题对应松弛问题的最优解

11-09-2013 23:15:07	Decision Variable	Lower Bound	Upper Bound	Solution Value	Variable Type	Status
1	X1	5.0000	M	5.0000	Integer	Yes
2	X2	0	M	1.5714	Integer	No
	Current	OBJ(Maximize)	= 34.1429	>= ZL =	-M	Non-integer

图 4-12　在松弛问题中添加约束条件 $x_1 \geqslant 5$ 后得到分支的最优解

11-09-2013 23:23:05	Decision Variable	Lower Bound	Upper Bound	Solution Value	Variable Type	Status
1	X1	5.0000	M		Integer	
2	X2	2.0000	M		Integer	
	This	node	is	infeasible	!!!!!!	

图 4-13　分支的解一

11-09-2013 23:23:33	Decision Variable	Lower Bound	Upper Bound	Solution Value	Variable Type	Status
1	X1	5.0000	M	5.4444	Integer	No
2	X2	0	1.0000	1.0000	Integer	Yes
	Current	OBJ(Maximize) = 30.7778	>= ZL =	-M		Non-integer

图 4-14 分支的解二

11-09-2013 23:24:00	Decision Variable	Lower Bound	Upper Bound	Solution Value	Variable Type	Status
1	X1	6.0000	M	6.0000	Integer	Yes
2	X2	0	1.0000	0.2857	Integer	No
	Current	OBJ(Maximize) = 26.5714	>= ZL =	-M		Non-integer

图 4-15 分支的解三

11-09-2013 23:25:31	Decision Variable	Lower Bound	Upper Bound	Solution Value	Variable Type	Status
1	X1	6.0000	M		Integer	
2	X2	1.0000	1.0000		Integer	
	This	node	is	infeasible		!!!!!!

图 4-16 分支的解四

11-09-2013 23:25:58	Decision Variable	Lower Bound	Upper Bound	Solution Value	Variable Type	Status
1	X1	6.0000	M	6.2222	Integer	No
2	X2	0	0	0	Integer	Yes
	Current	OBJ(Maximize) = 24.8889	>= ZL =	-M		Non-integer

图 4-17 分支的解五

11-09-2013 23:26:36	Decision Variable	Lower Bound	Upper Bound	Solution Value	Variable Type	Status
1	X1	7.0000	M		Integer	
2	X2	0	0		Integer	
	This	node	is	infeasible		!!!!!!

图 4-18 分支的解六

11-09-2013 23:27:13	Decision Variable	Lower Bound	Upper Bound	Solution Value	Variable Type	Status
1	X1	6.0000	6.0000	6.0000	Integer	Yes
2	X2	0	0	0	Integer	Yes
	Current	OBJ(Maximize) = 24.0000	>= ZL =	-M		New incumbent

图 4-19 分支的解七

11-09-2013 23:27:39	Decision Variable	Lower Bound	Upper Bound	Solution Value	Variable Type	Status
1	X1	5.0000	5.0000	5.0000	Integer	Yes
2	X2	0	1.0000	1.0000	Integer	Yes
	Current	OBJ(Maximize)	= 29.0000	>= ZL =	24.0000	New incumbent

图 4-20　分支的解八

11-09-2013 23:28:23	Decision Variable	Lower Bound	Upper Bound	Solution Value	Variable Type	Status
1	X1	0	4.0000	4.0000	Integer	Yes
2	X2	0	M	2.1000	Integer	No
	Current	OBJ(Maximize)	= 34.9000	>= ZL =	29.0000	Non-integer

图 4-21　分支的解九

11-09-2013 23:28:57	Decision Variable	Lower Bound	Upper Bound	Solution Value	Variable Type	Status
1	X1	0	4.0000	1.4286	Integer	No
2	X2	3.0000	M	3.0000	Integer	Yes
	Current	OBJ(Maximize)	= 32.7143	>= ZL =	29.0000	Non-integer

图 4-22　分支的解十

11-09-2013 23:29:38	Decision Variable	Lower Bound	Upper Bound	Solution Value	Variable Type	Status
1	X1	2.0000	4.0000		Integer	
2	X2	3.0000	M		Integer	
	This	node	is	infeasible	!!!!!!	

图 4-23　分支的解十一

11-09-2013 23:30:12	Decision Variable	Lower Bound	Upper Bound	Solution Value	Variable Type	Status
1	X1	0	1.0000	1.0000	Integer	Yes
2	X2	3.0000	M	3.1500	Integer	No
	Current	OBJ(Maximize)	= 32.3500	>= ZL =	29.0000	Non-integer

图 4-24　分支的解十二

11-09-2013 23:30:56	Decision Variable	Lower Bound	Upper Bound	Solution Value	Variable Type	Status
1	X1	0	1.0000		Integer	
2	X2	4.0000	M		Integer	
	This	node	is	infeasible	!!!!!!	

图 4-25　分支的解十三

11-09-2013 23:31:50	Decision Variable	Lower Bound	Upper Bound	Solution Value	Variable Type	Status
1	X1	0	1.0000	1.0000	Integer	Yes
2	X2	3.0000	3.0000	3.0000	Integer	Yes
	Current	OBJ(Maximize)	= 31.0000	>= ZL =	29.0000	New incumbent

图 4-26　分支的解十四

11-09-2013 23:32:33	Decision Variable	Lower Bound	Upper Bound	Solution Value	Variable Type	Status
1	X1	0	4.0000	4.0000	Integer	Yes
2	X2	0	2.0000	2.0000	Integer	Yes
	Current	OBJ(Maximize)	= 34.0000	>= ZL = 31.0000	New incumbent	

图 4-27　分支的解十五

（5）选择"Results"→"Combined Report"菜单命令，显示例 4.5 模型的结果（见图 4-28）。

	Decision Variable	Solution Value	Unit Cost or Profit c[j]	Total Contribution	Reduced Cost	Basis Status
1	X1	4.0000	4.0000	16.0000	0	basic
2	X2	2.0000	9.0000	18.0000	0	basic
	Objective	Function	(Max.) =	34.0000		
	Constraint	Left Hand Side	Direction	Right Hand Side	Slack or Surplus	Shadow Price
1	C1	50.0000	<=	56.0000	6.0000	0
2	C2	68.0000	<=	70.0000	2.0000	0

图 4-28　例 4.5 模型的结果

由模型的结果可知，最优解为 $x_1 = 4$、$x_2 = 2$，最优值为 34。

例 4.6　用 WinQSB 软件求解例 4.2。

（1）选择"开始"→"程序"→"WinQSB"→"Linear and Integer Programming"→"File"→"New Problem"菜单命令，生成"LP-ILP Problem Specification"对话框，如图 4-29 所示。

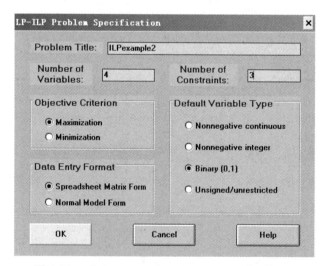

图 4-29　"LP-ILP Problem Specification"对话框

（2）在 WinQSB 软件的编辑窗口中输入模型（见图 4-30）。

Variable -->	X1	X2	X3	X4	Direction	R. H. S.
Maximize	20	40	20	30		
C1	5	4	3	8	<=	18
C2	1	7	9	6	<=	22
C3	8	10	2	10	<=	24
LowerBound	0	0	0	0		
UpperBound	1	1	1	1		
VariableType	Binary	Binary	Binary	Binary		

图 4-30　在 WinQSB 软件的编辑窗口中输入模型

（3）选择"Solve and Analyze"→"Solve the Problem"菜单选项进行求解，得到模型结果（见图 4-31）。

	Decision Variable	Solution Value	Unit Cost or Profit c(j)	Total Contribution	Reduced Cost	Basis Status
1	X1	0	20.0000	0	20.0000	at bound
2	X2	1.0000	40.0000	40.0000	0	basic
3	X3	1.0000	20.0000	20.0000	0	basic
4	X4	1.0000	30.0000	30.0000	0	basic
	Objective	Function	(Max.) =	90.0000		
	Constraint	Left Hand Side	Direction	Right Hand Side	Slack or Surplus	Shadow Price
1	C1	15.0000	<=	18.0000	3.0000	0
2	C2	22.0000	<=	22.0000	0	2.2222
3	C3	22.0000	<=	24.0000	2.0000	0

图 4-31　模型结果

由模型结果可知，决策变量 $x_1 = 0$、$x_2 = 1$、$x_3 = 1$ 和 $x_4 = 1$，选择的投资项目为 2～4 时，期望收益是最大的。

4.5　使用 MATLAB 软件求解整数规划问题

MATLAB 软件在求解具有连续变量的线性规划问题时，可以调用 linprog() 函数。但是对于纯整数规划和混合整数规划问题，MATLAB 软件优化工具箱中没有提供相应的求解函数，因而需要自行根据需求设定相关的算法来实现。而在求解 0-1 整数规划问题时，MATLAB 软件优化工具箱中提供了 bintprog() 函数。

4.5.1　实验目的

（1）熟悉使用 MATLAB 软件求解整数规划问题的分支定界法，熟悉 MATLAB 软件的编程规则和一般语法。

（2）熟悉求解 0-1 整数规划问题的 bintprog() 函数的用法。

4.5.2 实验内容

例 4.7 用 MATLAB 软件求解例 4.1。

将例 4.1 中整数规划问题的数学模型转化为求最小值问题

$$\min z = -4x_1 - 9x_2$$

$$\text{s.t.} \begin{cases} 9x_1 + 7x_2 \leqslant 56 \\ 7x_1 + 20x_2 \leqslant 70 \\ x_1, x_2 \geqslant 0 \ \text{且为整数} \end{cases}$$

用 MATLAB 软件求解的步骤如下所示。

（1）打开 MATLAB 软件，创建一个新的 ".m" 文件，在编辑窗口中输入下列代码：

```
function [x,fval]=ILPexample1()
  f=[-4;-9];
  A=[9 7;7 20];b=[56;70];
  Aeq=[];beq=[];
  lb=[0;0];ub=[];
  M=[1;2];Tol=1e-8;
[x1,fval1]=intprog(f,A,b,[],[],lb,ub,M,Tol)
end

function[x,fval,exitflag]=intprog(f,A,b,Aeq,beq,lb,ub,M,TolXInteger)
options = optimset('display','off');
bound=inf;
[x0,fval0]=linprog(f,A,b,Aeq,beq,lb,ub,[],options);
[x,fval,exitflag,b]=rec_BranchBound(f,A,b,Aeq,beq,lb,ub,x0,fval0,M,TolXInteger,
bound);

function[xx,fval,exitflag,bb]=rec_BranchBound(f,A,b,Aeq,beq,lb,ub,x,v,M,
TolXInteger,bound)
options = optimset('display','off');
[x0,fval0,exitflag0]=linprog(f,A,b,Aeq,beq,lb,ub,[],options);
if exitflag0<=0 | fval0>bound
    xx=x;
    fval=v;
    exitflag=exitflag0;
    bb=bound;
    return;
```

```
end
ind=find(abs(x0(M)-round(x0(M)))>TolXInteger);
if isempty(ind)    exitflag=1;
    if fval0<bound
        x0(M)=round(x0(M));xx=x0;fval=fval0;bb=fval0;
    else
        xx=x;fval=v;bb=bound;
    end
    return;
end
[row col]=size(ind);
br_var=M(ind(1));
br_value=x(br_var);
flag=abs(br_value-floor(br_value)-0.5);
for i=2:col
    tempbr_var=M(br_var);
    tempbr_value=x(br_var);
    temp_flag=abs(tempbr_value-floor(tempbr_value)-0.5);
    if temp_flag>flag
        br_var=tempbr_var;
        br_value=tempbr_value;
        flag=temp_flag;
    end
end

if isempty(A)
    [r c]=size(Aeq);
else
    [r c]=size(A);
end
A1=[A;zeros(1,c)];
A1(end,br_var)=1;
b1=[b;floor(br_value)];
A2=[A;zeros(1,c)];
```

```
A2(end,br_var)=-1;
b2=[b;-ceil(br_value)];
[x1,fval1,exitflag1,bound1]=rec_BranchBound(f,A1,b1,Aeq,beq,lb,ub,x0,fval0,M,
TolXInteger,bound);
exitflag=exitflag1;
if exitflag1>0 & bound1<bound
    xx=x1;
    fval=fval1;
    bound=bound1;
    bb=bound1;
else
    xx=x0;
    fval=fval0;
    bb=bound;
end
[x2,fval2,exitflag2,bound2]=rec_BranchBound(f,A2,b2,Aeq,beq,lb,ub,x0,fval0,M,
TolXInteger,bound);
if exitflag2>0 & bound2<bound
    exitflag=exitflag2;
    xx=x2;
    fval=fval2;
    bb=bound2;
end
end
```

（2）选择"Debug"→"Run ILPexample1.m"菜单命令或单击工具栏中的 ▷ 按钮，运行程序，得到下面的结果。

```
    x1=4
    x2=2
    fval1=-34.0000
```

由运行结果可知，最优解为 $x_1 = 4$、$x_2 = 2$，最优值为-34。

例 4.8 用 MATLAB 软件求解例 4.2。

例 4.2 中整数规划问题的数学模型为

$$\max z = 20x_1 + 40x_2 + 20x_3 + 30x_4$$

$$\text{s.t.} \begin{cases} 5x_1 + 4x_2 + 3x_3 + 8x_4 \leqslant 18 \\ x_1 + 7x_2 + 9x_3 + 6x_4 \leqslant 22 \\ 8x_1 + 10x_2 + 2x_3 + 10x_4 \leqslant 24 \\ x_j = 0 \text{ 或 } 1 \quad (j = 1, 2, 3, 4) \end{cases}$$

用 MATLAB 软件求解 0-1 整数规划问题时可以调用 bintprog() 函数，需将模型转换成求最小值问题，即 $\min z = -20x_1 - 40x_2 - 20x_3 - 30x_4$。

（1）创建一个新的".m"文件，在编辑窗口中输入下列代码：

```
function [x,fval] = ILPexample2( )
  f=[-20,-40,-20,-30];
  A=[5,4,3,8;1,7,9,6;8,10,2,10];
  b=[18,22,24];
  Aeq=[];beq=[];
  [x,fval]=bintprog(f,A,b,Aeq,beq);
end
```

（2）选择"Debug"→"Run ILPexample2.m"菜单命令或单击工具栏中的 ▷ 按钮，运行程序，得到下面的结果。

```
Optimization terminated.

ans =

     0
     1
     1
     1
```

由运行结果可知，决策变量 $x_1 = 0$、$x_2 = 1$、$x_3 = 1$ 和 $x_4 = 1$，故选择的投资项目为 2～4 时的期望收益最大。

练　习

1．求解下列整数规划问题。

（1）$\max z = 3x_1 - x_2$ 　　　　　　　　（2）$\max z = 5x_1 + 8x_2$

$$\text{s.t.} \begin{cases} 2x_1 + x_2 \leqslant 6 \\ 4x_1 + 5x_2 \leqslant 20 \\ x_1, x_2 \geqslant 0\text{且为整数} \end{cases} \qquad \text{s.t.} \begin{cases} x_1 + x_2 \leqslant 6 \\ 5x_1 + 9x_2 \leqslant 45 \\ x_1, x_2 \geqslant 0\text{且为整数} \end{cases}$$

2．求解下列 0-1 整数规划问题。

（1）$\min z = 4x_1 + 3x_2 + 2x_3$ （2）$\max z = 2x_1 - x_2 + 5x_3 - 3x_4 + 4x_5$

$$\text{s.t.} \begin{cases} 2x_1 - 5x_2 + 3x_3 \leqslant 4 \\ 4x_1 + x_2 + 3x_3 \geqslant 3 \\ x_2 + x_3 \geqslant 1 \\ x_1, x_2, x_3 = 0\text{或}1 \end{cases} \qquad \text{s.t.} \begin{cases} 3x_1 - 2x_2 + 7x_3 - 5x_4 + 4x_5 \leqslant 6 \\ x_1 - x_2 + 2x_3 - 4x_4 + 2x_5 \leqslant 0 \\ x_j = 0\text{或}1 \quad (j = 1, 2, 3, 4, 5) \end{cases}$$

3．某企业计划生产 4000 件某种产品，该产品可以采用本企业加工、外协加工任意一种形式生产。已知每种产品的固定成本、生产该产品的单件成本及每种生产形式的最大加工数量，如表 4-2 所示。求怎样安排产品的加工可使总成本最小？

表 4-2　每种产品的固定成本、生产该产品的单件成本及每种生产形式的最大加工数量

生产形式	固定成本/元	单件成本/(元/件)	最大加工数量/件
本企业加工	500	8	1500
外协加工 I	800	5	2000
外协加工 II	600	7	不限

4．有三种资源，用于生产三种产品，资源量、产品单价、可变费用、资源单耗量及固定费用如表 4-3 所示。求如何安排生产计划可以使总收益最大？

表 4-3　资源量、产品单价、可变费用、资源单耗量及固定费用

资源	产品			资源量
	I	II	III	
A 资源单耗量	2	4	8	500
B 资源单耗量	2	3	4	300
C 资源单耗量	1	2	3	100
可变费用/（元/件）	4	5	6	
固定费用/元	100	150	200	
产品单价/元	8	10	12	

第 5 章 运输问题与指派问题实验

5.1 基础知识

5.1.1 运输问题

5.1.1.1 问题背景——物资运输问题

一般运输问题是指要把某种物资从若干个产地调运到若干个销地，每个产地的产量、每个销地的销量和产销各地之间的单位运价已知，要求确定使运输费用最小的运输方案。这类问题可以用以下数学语言描述。

设有某种物资需要从 m 个产地 $A_1, A_2, \cdots, A_m$ 运到 n 个销地 $B_1, B_2, \cdots, B_n$，其中，每个产地的生产量为 $a_1, a_2, \cdots, a_m$，每个销地的销量为 $b_1, b_2, \cdots, b_n$。设从产地 A_i 到销地 B_j 的单位运价为 $c_{ij}(i = 1, 2, \cdots, m; j = 1, 2, \cdots, n)$，问如何调运可使总运费最小？

运输问题的数据可用表格形式来表示，运输问题数据表如表 5-1 所示。将各个产地的产量、各个销地的销量及单位运价都列在同一个表格中。

表 5-1 运输问题数据表

项目	运价				产量
	销地 B_1	销地 B_2	...	销地 B_n	
产地 A_1	c_{11}	c_{12}	...	c_{1n}	a_1
产地 A_2	c_{21}	c_{22}	...	c_{2n}	a_2
⋮	⋮	⋮		⋮	⋮
产地 A_m	c_{m1}	c_{m2}	...	c_{mn}	a_m
销量	b_1	b_2	...	b_n	

5.1.1.2 产销平衡运输问题的数学模型及其特点

当 $\sum_{i=1}^{m} a_i = \sum_{j=1}^{n} b_j$，即总产量=总销量时，称为产销平衡的运输问题。设 x_{ij} 为从产地 A_i 到销地 B_j 的运输量，则产销平衡运输问题的数学模型为

$$\min z = \sum_{i=1}^{m} \sum_{j=1}^{n} c_{ij} x_{ij}$$

$$
\text{s.t.}
\begin{cases}
\sum_{j=1}^{n} x_{ij} = a_i & (i = 1, 2, \cdots, m) \\
\sum_{i=1}^{m} x_{ij} = b_j & (j = 1, 2, \cdots, n) \\
x_{ij} \geqslant 0 & (i = 1, 2, \cdots, m; j = 1, 2, \cdots, n)
\end{cases}
$$

它包含 $m \times n$ 个变量，$m + n$ 个约束方程，其系数矩阵的结构稀疏，且系数矩阵中对应于变量 x_{ij} 的系数列向量 $\boldsymbol{P}_{ij} = (0, \cdots, 1, \cdots, 1, \cdots 0)^{\mathrm{T}} = \boldsymbol{e}_i + \boldsymbol{e}_{m+j}$。可以证明，系数矩阵的秩为 $m + n - 1$，即有 $m + n - 1$ 个独立的约束方程，因此产销平衡运输问题有 $m + n - 1$ 个基变量。产销平衡运输问题有可行解，且 $\sum_{i=1}^{m} \sum_{j=1}^{n} c_{ij} x_{ij} \geqslant 0$，从而一定有最优解。

5.1.1.3 产销不平衡运输问题的数学模型

当产量大于销量（$\sum_{i=1}^{m} a_i > \sum_{j=1}^{n} b_j$）时，运输问题的数学模型为

$$
\min z = \sum_{i=1}^{m} \sum_{j=1}^{n} c_{ij} x_{ij}
$$

$$
\text{s.t.}
\begin{cases}
\sum_{j=1}^{n} x_{ij} \leqslant a_i & (i = 1, 2, \cdots, m) \\
\sum_{i=1}^{m} x_{ij} = b_j & (j = 1, 2, \cdots, n) \\
x_{ij} \geqslant 0 & (i = 1, 2, \cdots, m; j = 1, 2, \cdots, n)
\end{cases}
$$

当销量大于产量（$\sum_{i=1}^{m} a_i < \sum_{j=1}^{n} b_j$）时，运输问题的数学模型为

$$
\min z = \sum_{i=1}^{m} \sum_{j=1}^{n} c_{ij} x_{ij}
$$

$$
\text{s.t.}
\begin{cases}
\sum_{j=1}^{n} x_{ij} = a_i & (i = 1, 2, \cdots, m) \\
\sum_{i=1}^{m} x_{ij} \leqslant b_j & (j = 1, 2, \cdots, n) \\
x_{ij} \geqslant 0 & (i = 1, 2, \cdots, m; j = 1, 2, \cdots, n)
\end{cases}
$$

产销不平衡运输问题可通过增加虚拟的产地（或销地）转化为产销平衡运输问题。

5.1.1.4 运输问题的解法

运输问题的数学模型是特殊的线性规划模型，可用单纯形法来求解。对于产销平衡运输问题，由于其数学模型结构比较特殊，通常使用一种专门求解运输问题的方法——表上作业法来求解。

表上作业法又称为运输单纯形法，其实质是单纯形法用于求解运输问题这类特殊线性规划问题时的简化，其计算步骤如下：

（1）列出产销平衡表。

（2）确定初始调运方案（初始基可行解），即在产销平衡表上给出 $m+n-1$ 个数字格，确定初始调运方案的方法有最小元素法、Vogel 法、西北角法等。

（3）进行最优性检验，即计算平衡表中各数字格的检验数，判断是否达到最优解。如已是最优解，则停止计算，否则转至下一步骤。

（4）调整运输量得到新的调运方案（新的基可行解）。

（5）重复步骤（3）、（4），直到停止。

对于产销不平衡运输问题不能直接采用表上作业法来求解，可通过增加虚拟的产地（或销地）转化为产销平衡运输问题，然后采用表上作业法进行求解。

5.1.2 指派问题

在实际工作生活中，经常遇到这样的问题：有 n 项任务需要去完成，而恰好有 n 个人可以承担这 n 项任务，要求一项任务由一个人完成，一个人只完成一项任务。由于每个人的专长不同，完成各项任务的效率也就不同，应指派哪个人去完成哪项任务，可以使总的效率最高，这类问题称为指派问题或分配问题。

5.1.2.1 指派问题的数学模型

在指派问题中，利用不同资源完成不同任务的效率通常用表格表示，这种表格统称为效率矩阵。设 $[a_{ij}]$ 表示指派问题的效率矩阵，其元素 $a_{ij} \geq 0 (i, j = 1, 2, \cdots, n)$ 表示第 i 个人完成第 j 项任务的效率（如时间或成本等）。引入 0-1 变量 x_{ij}，即

$$x_{ij} = \begin{cases} 1 & (指派第i个人去完成第j项任务) \\ 0 & (不指派第i个人去完成第j项任务) \end{cases}$$

指派问题的数学模型为

$$\min z = \sum_{i=1}^{n} \sum_{j=1}^{n} a_{ij} x_{ij}$$

$$\text{s.t.} \begin{cases} \sum_{j=1}^{n} x_{ij} = 1 & (i = 1, 2, \cdots, n) \\ \sum_{i=1}^{n} x_{ij} = 1 & (j = 1, 2, \cdots, n) \\ x_{ij} = 0或1 & (i = 1, 2, \cdots, n; j = 1, 2, \cdots, n) \end{cases}$$

第一行的约束条件说明第 i 个人只能完成一项任务，第二行的约束条件说明第 j 项任务只能由一个人完成。

5.1.2.2 指派问题的解法

从指派问题的数学模型可以看出，指派问题是 0-1 规划问题的特例，也是运输问题的特例（产地个数和销地个数相同，每个产地的产量和每个销地的销量都是 1 个单位）。因此，可以用整数规划或运输问题的求解方法来求解。然而，基于指派问题数学模型结构的特点，通常用更简便有效的匈牙利法来求解。

匈牙利法是库恩（Kuhn）于 1955 年提出的指派问题的解法。他引用了匈牙利数学家克尼格（Konig）关于矩阵中独立"零"元素的定理，习惯上称为匈牙利法。匈牙利法的基本原理就是"效率矩阵的任一行（或列）减去（或加上）任一常数，指派问题的最优解不变"。匈牙利法的基本思想就是利用该原理使每行或每列中至少有一个零元素，再经过反复修正，直到找出 n 个位于不同行不同列的零元素，从而得到这些零元素相对应的一个完全分配方案。当它用于原效率矩阵时，这个完全分配方案就是一个最优分配方案。

5.1.2.3 其他形式的指派问题

如果指派问题中的人数和任务数不相等，可增加虚拟的任务（或虚拟的人）使人数和任务数相等，再使用匈牙利法求解。

如果指派问题的目标函数为求最大值，即目标函数为

$$\max z = \sum_{i=1}^{n}\sum_{j=1}^{n} a_{ij}x_{ij}$$

由于上述目标函数等价于

$$\min z' = \sum_{i=1}^{n}\sum_{j=1}^{n} (-a_{ij})x_{ij}$$

这样一来效率矩阵中的元素全成了负值，不符合匈牙利法的计算要求。可在效率矩阵的每一行（或列）上加上一足够大的常数（如可取 a_{ij} 中的最大元素），使效率矩阵中的元素全部变为非负值，就可用匈牙利法来求解了。

5.2 使用 LINDO 软件求解运输问题与指派问题

LINDO 软件是求解线性规划、整数规划等最优化问题的专用软件，可以允许决策变量是整数，而且执行速度很快。运输问题的数学模型是特殊的线性规划模型，因此可以在 LINDO 软件中直接输入其数学模型，使用求解线性规划问题的方法来求解运输问题。指派问题是特殊的 0-1 规划问题，也可以在 LINDO 软件中直接输入其数学模型来求解。

在 LINDO 软件中对 0-1 变量说明的方法：在"END"后输入 int n 或 int name。前者表示模型中 n 个变量（按输入的先后顺序）为 0-1 变量，后者表示变量 name 为 0-1 变量。

5.2.1 实验目的

（1）熟悉 LINDO 软件求解运输问题和指派问题的方法步骤，理解其输出结果。

（2）进一步熟悉指派问题和运输问题的有关基本概念及数学模型。

5.2.2 实验内容

例 5.1 某公司从三个产地 A_1、A_2、A_3 将物品运往四个销地 B_1、B_2、B_3、B_4，各产地的产量、各销地的销量及各产地运往各销地的单位运价如表 5-2 所示，问应如何调运可使总运输费用最小？

表 5-2　各产地的产量、各销地的销量及各产地运往各销地的单位运价

项目	单位运价/(百元/t)				产量/t	总量/t
	销地 B_1	销地 B_2	销地 B_3	销地 B_4		
产地 A_1	3	2	7	6	50	
产地 A_2	7	5	2	3	60	135
产地 A_3	2	5	4	5	25	
销量/t	60	40	20	15		135

解　这是一个产销平衡运输问题。设 x_{ij} 为从产地 A_i 到销地 B_j 的运输量，则该问题的数学模型为

$$\min z = 3x_{11} + 2x_{12} + 7x_{13} + 6x_{14} + 7x_{21} + 5x_{22} + 2x_{23} + 3x_{24} + 2x_{31} + 5x_{32} + 4x_{33} + 5x_{34}$$

$$\text{s.t.}\begin{cases} x_{11} + x_{12} + x_{13} + x_{14} = 50 \\ x_{21} + x_{22} + x_{23} + x_{24} = 60 \\ x_{31} + x_{32} + x_{33} + x_{34} = 25 \\ x_{11} + x_{21} + x_{31} = 60 \\ x_{12} + x_{22} + x_{32} = 40 \\ x_{13} + x_{23} + x_{33} = 20 \\ x_{14} + x_{24} + x_{34} = 15 \\ x_{ij} \geqslant 0 \quad (i = 1, 2, 3; j = 1, 2, 3, 4) \end{cases}$$

在 LINDO 软件中输入该模型，例 5.1 的输入格式如图 5-1 所示。

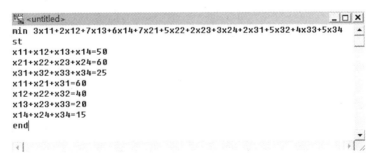

图 5-1　例 5.1 的输入格式

选择"Solve"→"Solve"菜单命令，或按"Ctrl"+"U"键进行求解，弹出例 5.1 的求解报告窗口，如图 5-2 所示。

```
Reports Window                              _ □ ×

LP OPTIMUM FOUND AT STEP        6

        OBJECTIVE FUNCTION VALUE

     1)      395.0000

  VARIABLE        VALUE        REDUCED COST
     X11        35.000000         0.000000
     X12        15.000000         0.000000
     X13         0.000000         8.000000
     X14         0.000000         6.000000
     X21         0.000000         1.000000
     X22        25.000000         0.000000
     X23        20.000000         0.000000
     X24        15.000000         0.000000
     X31        25.000000         0.000000
     X32         0.000000         4.000000
     X33         0.000000         6.000000
     X34         0.000000         6.000000


     ROW    SLACK OR SURPLUS    DUAL PRICES
      2)         0.000000         3.000000
      3)         0.000000         0.000000
      4)         0.000000         4.000000
      5)         0.000000        -6.000000
      6)         0.000000        -5.000000
      7)         0.000000        -2.000000
      8)         0.000000        -3.000000

  NO. ITERATIONS=        6
```

图 5-2　例 5.1 的求解报告窗口

由求解报告可知，最优运输方案：由 A_1 运输到 B_1、B_2、B_3、B_4 的运量分别为 35t、15t、0t、0t；由 A_2 运输到 B_1、B_2、B_3、B_4 的运量分别为 0t、25t、20t、15t；由 A_3 运输到 B_1、B_2、B_3、B_4 的运量分别为 25t、0t、0t、0t；最小运费为 395 百元。

例 5.2　设运输问题的相关数据如表 5-3 所示，求使得总运费最小的运输方案。

表 5-3　例 5.2 中运输问题的相关数据

项目	单位运价/(百元/t)				产量/t	总量/t
	销地 B_1	销地 B_2	销地 B_3	销地 B_4		
产地 A_1	3	2	7	6	60	
产地 A_2	7	5	2	3	60	155
产地 A_3	2	5	4	5	35	
销量/t	60	40	20	15		135

解　这是一个产量大于销量的运输问题（总产量=155t，总销量=135t），其数学模型为

$$\min z = 3x_{11} + 2x_{12} + 7x_{13} + 6x_{14} + 7x_{21} + 5x_{22} + 2x_{23} + 3x_{24} + 2x_{31} + 5x_{32} + 4x_{33} + 5x_{34}$$

$$\text{s.t.} \begin{cases} x_{11} + x_{12} + x_{13} + x_{14} \leqslant 60 \\ x_{21} + x_{22} + x_{23} + x_{24} \leqslant 60 \\ x_{31} + x_{32} + x_{33} + x_{34} \leqslant 35 \\ x_{11} + x_{21} + x_{31} = 60 \\ x_{12} + x_{22} + x_{32} = 40 \\ x_{13} + x_{23} + x_{33} = 20 \\ x_{14} + x_{24} + x_{34} = 15 \\ x_{ij} \geqslant 0 \quad (i = 1, 2, 3; j = 1, 2, 3, 4) \end{cases}$$

在 LINDO 软件中输入该模型，例 5.2 的输入格式如图 5-3 所示。

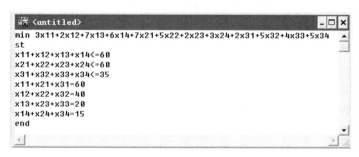

图 5-3　例 5.2 的输入格式

选择"Solve"→"Solve"菜单命令进行求解，弹出例 5.2 的求解报告窗口，如图 5-4 所示。

```
Reports Window                                    _ □ ×

LP OPTIMUM FOUND AT STEP        1

        OBJECTIVE FUNCTION VALUE

    1)       325.0000

VARIABLE        VALUE           REDUCED COST
     X11      25.000000          0.000000
     X12      35.000000          0.000000
     X13       0.000000          8.000000
     X14       0.000000          6.000000
     X21       0.000000          1.000000
     X22       5.000000          0.000000
     X23      20.000000          0.000000
     X24      15.000000          0.000000
     X31      35.000000          0.000000
     X32       0.000000          4.000000
     X33       0.000000          6.000000
     X34       0.000000          6.000000


     ROW   SLACK OR SURPLUS     DUAL PRICES
      2)       0.000000          3.000000
      3)      20.000000          0.000000
      4)       0.000000          4.000000
      5)       0.000000         -6.000000
      6)       0.000000         -5.000000
      7)       0.000000         -2.000000
      8)       0.000000         -3.000000

NO. ITERATIONS=       1
```

图 5-4　例 5.2 的求解报告窗口

由求解报告知，最优运输方案：由 A_1 运输到 B_1、B_2、B_3、B_4 的运量分别为 25t、35t、0t、0t；由 A_2 运输到 B_1、B_2、B_3、B_4 的运量分别为 0t、5t、20t、15t；由 A_3 运输到 B_1、B_2、B_3、B_4 的运量分别为 35t、0t、0t、0t；最小运费为 325 百元。此外，LINDO 软件窗口中"3)"行（即数学模型中第 2 个约束条件）的松弛量为 20，说明由于产量大于销量，产地 A_2 有 20t 的产品没有运输，原地库存。

例 5.3 设运输问题的相关数据如表 5-4 所示，求使得总运费最小的运输方案。

表 5-4 例 5.3 中运输问题的相关数据

项目	单位运价/(百元/t)				产量/t	总量/t
	销地 B_1	销地 B_2	销地 B_3	销地 B_4		
产地 A_1	3	2	7	6	50	135
产地 A_2	7	5	2	3	60	
产地 A_3	2	5	4	5	25	
销量/t	60	40	40	15		155

解 这是一个销量大于产量的运输问题（总产量=135t，总销量=155t），其数学模型为

$$\min z = 3x_{11} + 2x_{12} + 7x_{13} + 6x_{14} + 7x_{21} + 5x_{22} + 2x_{23} + 3x_{24} + 2x_{31} + 5x_{32} + 4x_{33} + 5x_{34}$$

$$\text{s.t.}\begin{cases} x_{11} + x_{12} + x_{13} + x_{14} = 50 \\ x_{21} + x_{22} + x_{23} + x_{24} = 60 \\ x_{31} + x_{32} + x_{33} + x_{34} = 25 \\ x_{11} + x_{21} + x_{31} \leq 60 \\ x_{12} + x_{22} + x_{32} \leq 40 \\ x_{13} + x_{23} + x_{33} \leq 40 \\ x_{14} + x_{24} + x_{34} \leq 15 \\ x_{ij} \geq 0 \quad (i = 1,2,3; j = 1,2,3,4) \end{cases}$$

在 LINDO 软件中输入该模型（在 LINGO 软件中，"<"符号的含义为"小于等于"），例 5.3 的输入格式如图 5-5 所示。

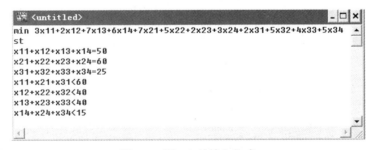

图 5-5 例 5.3 的输入格式

选择"Solve"→"Solve"菜单命令进行求解，弹出例 5.3 的求解报告窗口，如图 5-6 所示。

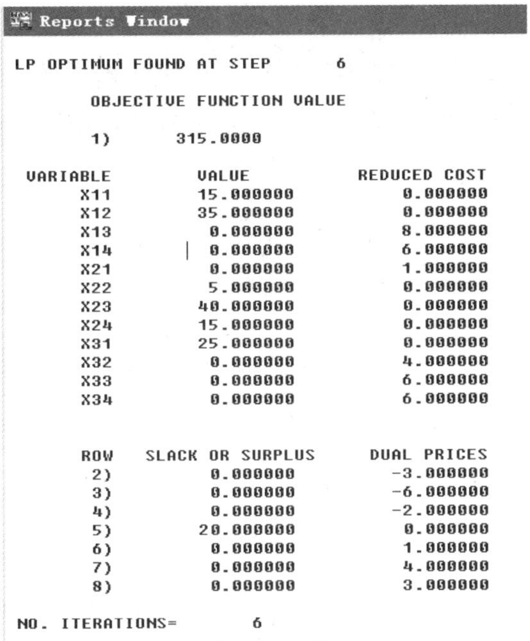

```
Reports Window

LP OPTIMUM FOUND AT STEP      6

      OBJECTIVE FUNCTION VALUE

      1)      315.0000

 VARIABLE        VALUE          REDUCED COST
      X11       15.000000          0.000000
      X12       35.000000          0.000000
      X13        0.000000          8.000000
      X14        0.000000          6.000000
      X21        0.000000          1.000000
      X22        5.000000          0.000000
      X23       40.000000          0.000000
      X24       15.000000          0.000000
      X31       25.000000          0.000000
      X32        0.000000          4.000000
      X33        0.000000          6.000000
      X34        0.000000          6.000000


      ROW   SLACK OR SURPLUS     DUAL PRICES
       2)        0.000000         -3.000000
       3)        0.000000         -6.000000
       4)        0.000000         -2.000000
       5)       20.000000          0.000000
       6)        0.000000          1.000000
       7)        0.000000          4.000000
       8)        0.000000          3.000000

 NO. ITERATIONS=       6
```

图 5-6 例 5.3 的求解报告窗口

由求解报告可知，最优运输方案：由 A_1 运输到 B_1、B_2、B_3、B_4 的运量分别为 15t、35t、0t、0t；由 A_2 运输到 B_1、B_2、B_3、B_4 的运量分别为 0t、5t、40t、15t；由 A_3 运输到 B_1、B_2、B_3、B_4 的运量分别为 25t、0t、0t、0t；最小运费为 315 百元。此外，LINDO 软件窗口中“5)”行（即数学模型中第 4 个约束条件）的松弛量为 20，说明由于销量大于产量，销地 B_1 有 20t 的产品需求量没有满足。

例 5.4 指派 4 个人甲、乙、丙、丁，去完成四项工作 A、B、C、D。已知每人完成各项工作的时间如表 5-5 所示。规定每项工作只能由一个人完成，每个人只能完成一项工作，问如何指派可以使完成四项工作总的花费时间最少？

表 5-5 每人完成各项工作的时间

工作人员	时间/h			
	工作 A	工作 B	工作 C	工作 D
甲	7	9	10	12
乙	13	12	16	17
丙	15	16	14	15
丁	11	12	15	16

解 引入 0-1 变量 x_{ij}，设

$$x_{ij}=\begin{cases}1 & (\text{指派第}i\text{个人去完成第}j\text{项任务})\\0 & (\text{不指派第}i\text{个人去完成第}j\text{项任务})\end{cases}$$

则该问题的数学模型为

$$\min z = 7x_{11} + 9x_{12} + 10x_{13} + 12x_{14} + 13x_{21} + 12x_{22} + 16x_{23} + 17x_{24} + 15x_{31} + 16x_{32} + 14x_{33} + 15x_{34}$$
$$+ 11x_{41} + 12x_{42} + 15x_{43} + 16x_{44}$$

$$\text{s.t.} \begin{cases} x_{11} + x_{12} + x_{13} + x_{14} = 1 \\ x_{21} + x_{22} + x_{23} + x_{24} = 1 \\ x_{31} + x_{32} + x_{33} + x_{34} = 1 \\ x_{41} + x_{42} + x_{43} + x_{44} = 1 \\ x_{11} + x_{21} + x_{31} + x_{41} = 1 \\ x_{12} + x_{22} + x_{32} + x_{42} = 1 \\ x_{13} + x_{23} + x_{33} + x_{43} = 1 \\ x_{14} + x_{24} + x_{34} + x_{44} = 1 \\ x_{ij} = 0\text{或}1 \quad (i = 1,2,3,4; j = 1,2,3,4) \end{cases}$$

在 LINDO 软件中输入该模型，例 5.4 的输入格式如图 5-7 所示。

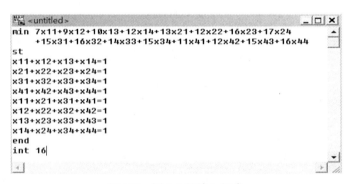

图 5-7　例 5.4 的输入格式

最后一行"int 16"表示问题中的前 16 个变量为 0-1 变量。

选择"Solve"→"Solve"菜单命令，或按"Ctrl"+"U"键进行求解，得到例 5.4 的求解报告窗口，如图 5-8 所示。

由于这个问题中有 16 个 0-1 变量，而最优解中只有其中的 4 个变量取非零值"1"，所以要在一大堆变量中寻找少量的几个非零变量，这是不大方便的。可以选择"Reports"→"Solution"菜单命令（这个命令的功能是把最优解显示出来），这时会弹出"Solution Report Options"对话框（见图 5-9），默认选中"Nonzeros Only"（只显示非零值）单选按钮。单击对话框中的"OK"按钮，则弹出例 5.4 的最优解显示窗口，如图 5-10 所示，可以看到，这时显示了 4 个取非零值"1"的变量，这样阅读起来就很方便了。

可以看出，最优指派方案：甲完成工作 C，乙完成工作 B，丙完成工作 D，丁完成工作 A，所用的时间为 48h。

```
LP OPTIMUM FOUND AT STEP       7
OBJECTIVE VALUE =   48.0000000
NEW INTEGER SOLUTION OF    48.0000000    AT BRANCH     0 PIVOT      7
RE-INSTALLING BEST SOLUTION...
          OBJECTIVE FUNCTION VALUE
      1)      48.00000
    VARIABLE        VALUE          REDUCED COST
        X11        0.000000           7.000000
        X12        0.000000           9.000000
        X13        1.000000          10.000000
        X14        0.000000          12.000000
        X21        0.000000          13.000000
        X22        1.000000          12.000000
        X23        0.000000          16.000000
        X24        0.000000          17.000000
        X31        0.000000          15.000000
        X32        0.000000          16.000000
        X33        0.000000          14.000000
        X34        1.000000          15.000000
        X41        1.000000          11.000000
        X42        0.000000          12.000000
        X43        0.000000          15.000000
        X44        0.000000          16.000000
        ROW    SLACK OR SURPLUS     DUAL PRICES
        2)        0.000000           0.000000
        3)        0.000000           0.000000
        4)        0.000000           0.000000
        5)        0.000000           0.000000
        6)        0.000000           0.000000
        7)        0.000000           0.000000
        8)        0.000000           0.000000
        9)        0.000000           0.000000
    NO. ITERATIONS=       7
    BRANCHES=     0 DETERM.=  1.000E     0
```

图 5-8 例 5.4 的求解报告窗口

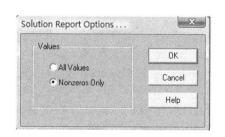

图 5-9 "Solution Report Options" 对话框

```
        OBJECTIVE FUNCTION VALUE

    1)      48.00000

VARIABLE        VALUE          REDUCED COST
    X13        1.000000          10.000000
    X22        1.000000          12.000000
    X34        1.000000          15.000000
    X41        1.000000          11.000000


    ROW    SLACK OR SURPLUS     DUAL PRICES
NO. ITERATIONS=       7
BRANCHES=     0 DETERM.=  1.000E     0
```

图 5-10 例 5.4 的最优解显示窗口

5.3 使用 Lingo 软件求解运输问题与指派问题

使用 Lingo 软件求解中小型运输问题和指派问题,与使用 LINDO 软件类似,可直接输入问题的数学模型代码求解。但当数学模型中的变量很多时,在 Lingo/LINDO 软件中输入数学模型,是一件非常费时费力的事情。在这方面,可使用 Lingo 软件内置的建模语言(常称为"矩阵生成器"),用编程的方法求解。使用者只用输入数行文字就可以建立起含有大规模变量的目标函数和成千上万个约束条件,与 LINDO 软件相比,这可使得输入较大规模问题的过程得到简化。

5.3.1 实验目的

（1）掌握 Lingo 软件编程求解运输问题和指派问题的方法步骤，理解其输出结果。

（2）进一步熟悉指派问题和运输问题的有关基本概念及数学模型。

5.3.2 实验内容

例 5.5 用 Lingo 软件编程的方法求解例 5.1。

解 输入 Lingo 软件中的程序如下：

```
MODEL:
!定义变量和常量;
SETS:
 As/A1..A3/:a;
 Bs/B1..B4/:b;
 LINKS(As,Bs):c,x;
ENDSETS
!目标函数;
MIN=@SUM(LINKS(I,J):C(I,J)*x(I,J));
!产量约束;
@FOR(As(I): @SUM(Bs(J):x(I,J))=a(I));
!销量约束;
@FOR(Bs(J): @SUM(As(I):x(I,J))=b(J));
!数据;
DATA:
 a=50 60 25;
 b=60 40 20 15;
 c=3 2 7 6
   7 5 2 3
   2 5 4 5;
ENDDATA
END
```

在 Lingo 软件中使用"Solve"命令，得到求解结果如下所示。

```
Global optimal solution found.
Objective value:                    395.0000
Infeasibilities:                    0.000000
Total solver iterations:                   6
```

Variable	Value	Reduced Cost
A(A1)	50.00000	0.000000
A(A2)	60.00000	0.000000
A(A3)	25.00000	0.000000
B(B1)	60.00000	0.000000
B(B2)	40.00000	0.000000
B(B3)	20.00000	0.000000
B(B4)	15.00000	0.000000
C(A1, B1)	3.000000	0.000000
C(A1, B2)	2.000000	0.000000
C(A1, B3)	7.000000	0.000000
C(A1, B4)	6.000000	0.000000
C(A2, B1)	7.000000	0.000000
C(A2, B2)	5.000000	0.000000
C(A2, B3)	2.000000	0.000000
C(A2, B4)	3.000000	0.000000
C(A3, B1)	2.000000	0.000000
C(A3, B2)	5.000000	0.000000
C(A3, B3)	4.000000	0.000000
C(A3, B4)	5.000000	0.000000
X(A1, B1)	35.00000	0.000000
X(A1, B2)	15.00000	0.000000
X(A1, B3)	0.000000	8.000000
X(A1, B4)	0.000000	6.000000
X(A2, B1)	0.000000	1.000000
X(A2, B2)	25.00000	0.000000
X(A2, B3)	20.00000	0.000000
X(A2, B4)	15.00000	0.000000
X(A3, B1)	25.00000	0.000000
X(A3, B2)	0.000000	4.000000
X(A3, B3)	0.000000	6.000000
X(A3, B4)	0.000000	6.000000

Row	Slack or Surplus	Dual Price
1	395.0000	-1.000000

2	0.000000	-1.000000
3	0.000000	-4.000000
4	0.000000	0.000000
5	0.000000	-2.000000
6	0.000000	-1.000000
7	0.000000	2.000000
8	0.000000	1.000000

由 X(Ai,Bj)的取值可知，最优运输方案：由 A_1 运输到 B_1、B_2、B_3、B_4 的运量分别为 35t、15t、0t、0t；由 A_2 运输到 B_1、B_2、B_3、B_4 的运量分别为 0t、25t、20t、15t；由 A_3 运输到 B_1、B_2、B_3、B_4 的运量分别为 25t、0t、0t、0t；最小运费为 395 百元。

例 5.6 用 Lingo 软件编程的方法求解例 5.4。

解 输入 Lingo 软件中的程序如下：

```
model:
!定义变量和常量;
sets:
  workers/w1..w4/;
  jobs/j1..j4/;
  links(workers,jobs): a,x;
endsets
!目标函数;
  min=@sum(links: a*x);
!每个工人只能完成一项工作;
  @for(workers(I): @sum(jobs(J): x(I,J))=1; );
!每项工作只能有一个工人;
@for(jobs(J): @sum(workers(I): x(I,J))=1; );
!变量均为0-1变量
  @for(links:@bin(x));
data:
  a= 7 9 10 12
    13 12 16 17
    15 16 14 15
    11 12 15 16;
enddata
end
```

在 Lingo 软件中使用"Solve"命令，得到求解结果如下所示。

```
Global optimal solution found.
Objective value:                         48.00000
Infeasibilities:                         0.000000
Total solver iterations:                     6
          Variable          Value      Reduced Cost
          A( W1, J1)       7.000000       0.000000
          A( W1, J2)       9.000000       0.000000
          A( W1, J3)       10.00000       0.000000
          A( W1, J4)       12.00000       0.000000
          A( W2, J1)       13.00000       0.000000
          A( W2, J2)       12.00000       0.000000
          A( W2, J3)       16.00000       0.000000
          A( W2, J4)       17.00000       0.000000
          A( W3, J1)       15.00000       0.000000
          A( W3, J2)       16.00000       0.000000
          A( W3, J3)       14.00000       0.000000
          A( W3, J4)       15.00000       0.000000
          A( W4, J1)       11.00000       0.000000
          A( W4, J2)       12.00000       0.000000
          A( W4, J3)       15.00000       0.000000
          A( W4, J4)       16.00000       0.000000
          X( W1, J1)       0.000000       0.000000
          X( W1, J2)       0.000000       2.000000
          X( W1, J3)       1.000000       0.000000
          X( W1, J4)       0.000000       1.000000
          X( W2, J1)       0.000000       1.000000
          X( W2, J2)       1.000000       0.000000
          X( W2, J3)       0.000000       1.000000
          X( W2, J4)       0.000000       1.000000
          X( W3, J1)       0.000000       4.000000
          X( W3, J2)       0.000000       5.000000
          X( W3, J3)       0.000000       0.000000
          X( W3, J4)       1.000000       0.000000
```

X(W4, J1)	1.000000	0.000000
X(W4, J2)	0.000000	1.000000
X(W4, J3)	0.000000	1.000000
X(W4, J4)	0.000000	1.000000

由求解结果可知，最优指派方案：甲完成工作 C，乙完成工作 B，丙完成工作 D，丁完成工作 A，所用的时间为 48h。

5.4　使用 WinQSB 软件求解运输问题与指派问题

WinQSB 软件中的"Network Modeling"模块可用来求解运输问题与指派问题。WinQSB 软件提供了比较方便的运算方式，具有自己的特色，是基于表格的建模方式来运算求解的。

WinQSB 软件求解运输问题时，目标可以最小化，也可以最大化，产量与销量也可以不平衡。若产销不平衡，系统运行时在表上作业法的产销平衡表上自动添加假想产地或销地进行求解。但产量与销量都不允许有弹性，若产、销量有弹性，需要先转化为产销平衡运输问题再求解。使用 WinQSB 软件可以求解规模较小的运输问题，还可以演示表上作业法的迭代过程。

使用 WinQSB 软件求解指派问题时，目标函数可以是求最大值，也可以是求最小值；人员数与任务数可以相等，也可以不相等；对于规模较小的指派问题还可以演示匈牙利法的计算步骤。

5.4.1　实验目的

（1）熟悉 WinQSB 软件求解运输问题和指派问题的方法步骤，理解其输出结果。

（2）进一步熟悉指派问题和运输问题的有关基本概念。

（3）进一步理解采用表上作业法求解运输问题的过程和采用匈牙利法求解指派问题的过程。

5.4.2　实验内容

例 5.7　用 WinQSB 软件求解例 5.1 中运输问题的最优调运方案。

解　（1）启动程序。选择"开始"→"程序"→"WinQSB"→"Network Modeling"菜单命令，程序工作界面如图 5-11 所示。

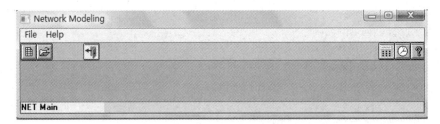

图 5-11　程序工作界面

（2）建立新问题，选择"File"→"New Problem"菜单命令建立新问题，出现如图 5-12 所示的新建问题选项对话框。在该对话框中：

"Problem Type"——问题类型，选中"Transportation Problem"单选按钮；

"Objective Criterion"——目标要求，选中"Minimization"单选按钮；

"Data Entry Format"——数据输入方式，选中"Spreadsheet Matrix Form"单选按钮；

再依次输入标题（Problem Title）为"TPexample"、产地数（Number of Sources）为"3"和销地数（Number of Destinations）为"4"。

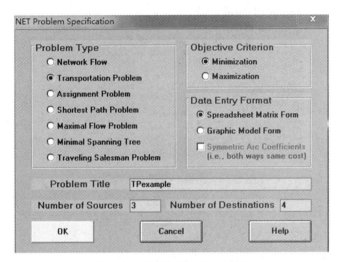

图 5-12　新建问题选项对话框

（3）输入数据。单击"OK"按钮生成表格，出现数据编辑窗口。选择"Edit"→"Node Names"菜单命令，对产地和销地进行重命名，然后输入例 5.7 的相关数据，如图 5-13 所示。

From \ To	B1	B2	B3	B4	Supply
A1	3	2	7	6	50
A2	7	5	2	3	60
A3	2	5	4	5	25
Demand	60	40	20	15	

图 5-13　输入例 5.7 的相关数据

（4）求解并显示结果。选择"Solve and Analyze"→"Solve the Problem"菜单命令，得到例 5.7 的求解结果，如图 5-14 所示。

由求解结果可知，最优运输方案：由 A_1 运输到 B_1、B_2 的运量分别为 35t、15t；由 A_2 运输到 B_2、B_3、B_4 的运量分别为 25t、20t、15t；由 A_3 运输到 B_1 的运量为 25t；最小运费为 395 百元。

（5）若想得到表上作业法的迭代步骤，可执行如下操作。

在数据编辑窗口中选择"Solve and Analyze"→"Select Initial Solution Method"菜单命令，弹出选择初始解方法对话框，如图 5-15 所示。

08-29-2013	From	To	Shipment	Unit Cost	Total Cost	Reduced Cost
1	A1	B1	35	3	105	0
2	A1	B2	15	2	30	0
3	A2	B2	25	5	125	0
4	A2	B3	20	2	40	0
5	A2	B4	15	3	45	0
6	A3	B1	25	2	50	0
	Total	Objective	Function	Value =	395	

图 5-14 例 5.7 的求解结果

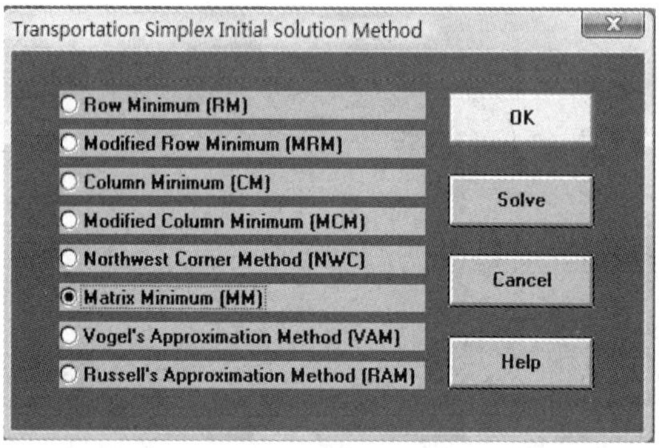

图 5-15 选择初始解方法对话框

在图 5-15 中，求解初始解有八种方法可以选择：（RM）逐行最小元素法、（MRM）修正的逐行最小元素法、（CM）逐列最小元素法、（MCM）修正的逐列最小元素法、（NWC）西北角法、（MM）矩阵最小元素法即最小元素法、（VAM）Vogel 近似法、（RAM）Russell 法，系统默认是 RM 法。一般教材采用矩阵最小元素法、西北角法和 Vogel 近似法，本例采用矩阵最小元素法。

选择矩阵最小元素法，单击"OK"按钮，再选择"Solve and Analyze"→"Solve and Display Step-Tableau"菜单命令，得到初始方案，如图 5-16 所示。

From \ To	B1	B2	B3	B4	Supply	Dual $P_{(i)}$
A1	3 10	2 40	7	6	50	0
A2	7 25*	5 C_{ij}=-1 **	2 20	3 15	60	4
A3	2 25	5	4	5	25	-1
Demand	60	40	20	15		
Dual $P_{(j)}$	3	2	-2	-1		
	Objective Value = 420 (Minimization)					
	** Entering: A2 to B2 * Leaving: A2 to B1					

图 5-16 初始方案

由图 5-16 可知，存在负的检验数，该方案不是最优方案，入基变量 x_{22}，出基变量 x_{21}。选择"Iteration"→"Next Iteration"选项，得到第 1 次调整后的方案，如图 5-17 所示。

From \ To	B1	B2	B3	B4	Supply	Dual P(i)
A1	3 35	2 15	7	6	50	0
A2	7	5 25	2 20	3 15	60	3
A3	2 25	5	4	5	25	-1
Demand	60	40	20	15		
Dual P(j)	3	2	-1	0		
Objective Value = 395 (Minimization)						

图 5-17　第 1 次调整后的方案

由于所有检验数均非负，所以图 5-17 所示的方案为最优方案。

（6）若选择"Results"→"Graphic Solution"菜单命令，则以网络图的形式显示结果，如图 5-18 所示。

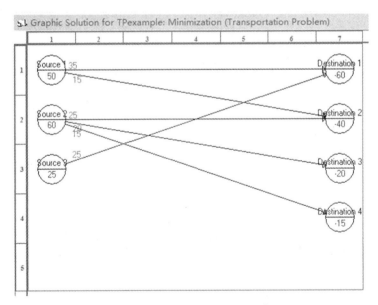

图 5-18　以网络图的形式显示结果

例 **5.8** 用 WinQSB 软件求解例 5.2 中的产销不平衡运输问题。例 5.8 中运输问题的相关数据如表 5-6 所示。

表 5-6　例 5.8 中运输问题的相关数据

项目	单位运价/(百元/t)				产量/t
	销地 B_1	销地 B_2	销地 B_3	销地 B_4	
产地 A_1	3	2	7	6	60
产地 A_2	7	5	2	3	60
产地 A_3	2	5	4	5	35
销量/t	60	40	20	15	

解　采用 WinQSB 软件可直接求解产销不平衡运输问题，在输入数据时可不化为产销平衡运输问题。输入例 5.8 的数学模型如图 5-19 所示。

From \ To	Destination 1	Destination 2	Destination 3	Destination 4	Supply
Source 1	3	2	7	6	60
Source 2	7	5	2	3	60
Source 3	2	5	4	5	35
Demand	60	40	20	15	

图 5-19　输入例 5.8 的数学模型

选择"Solve and Analyze"→"Solve the Problem"菜单命令，得到例 5.8 的运行结果，如图 5-20 所示。

11-07-2013	From	To	Shipment	Unit Cost	Total Cost	Reduced Cost
1	Source 1	Destination 1	25	3	75	0
2	Source 1	Destination 2	35	2	70	0
3	Source 2	Destination 2	5	5	25	0
4	Source 2	Destination 3	20	2	40	0
5	Source 2	Destination 4	15	3	45	0
6	Source 2	Unused_Supply	20	0	0	0
7	Source 3	Destination 1	35	2	70	0
	Total	Objective	Function	Value =	325	

图 5-20　例 5.8 的运行结果

由运行结果可知，最优运输方案：由 A_1 运输到 B_1、B_2 的运量分别为 25t、35t；由 A_2 运输到 B_2、B_3、B_4 的运量分别为 5t、20t、15t，A_2 有 20t 的产品没有运输，原地库存；由 A_3 运输到 B_1 的运量为 35t；最小运费为 325 百元。

例 **5.9** 用 WinQSB 软件求解例 5.3 中的产销不平衡运输问题。例 5.9 中运输问题的相关数据如表 5-7 所示。

表 5-7　例 5.9 中运输问题的相关数据

项目	单位运价/(百元/t)				产量/t
	销地 B_1	销地 B_2	销地 B_3	销地 B_4	
产地 A_1	3	2	7	6	50
产地 A_2	7	5	2	3	60
产地 A_3	2	5	4	5	25
销量/t	60	40	40	15	

解　按照前面的操作步骤，在 WinQSB 软件编辑窗口中输入例 5.9 的数据，如图 5-21 所示。

From \ To	Destination 1	Destination 2	Destination 3	Destination 4	Supply
Source 1	3	2	7	6	50
Source 2	7	5	2	3	60
Source 3	2	5	4	5	25
Demand	60	40	40	15	

图 5-21　输入例 5.9 的数据

选择"Solve and Analyze"→"Solve the Problem"菜单命令，得到例 5.9 的运行结果，如图 5-22 所示。

11-07-2013	From	To	Shipment	Unit Cost	Total Cost	Reduced Cost
1	Source 1	Destination 1	15	3	45	0
2	Source 1	Destination 2	35	2	70	0
3	Source 2	Destination 2	5	5	25	0
4	Source 2	Destination 3	40	2	80	0
5	Source 2	Destination 4	15	3	45	0
6	Source 3	Destination 1	25	2	50	0
7	Unfilled_Demand	Destination 1	20	0	0	0
	Total	Objective	Function	Value =	315	

图 5-22　例 5.9 的运行结果

从运行结果可知，最优运输方案：由 A_1 运输到 B_1、B_2 的运量分别为 15t、35t；由 A_2 运输到 B_2、B_3、B_4 的运量分别为 5t、40t、15t；由 A_3 运输到 B_1 的运量为 25t；销地 B_1 有 20t 的需求量未满足；最小运费为 315 百元。

例 5.10　用 WinQSB 软件求解例 5.4 中指派问题的最优指派方案。

解　（1）启动程序。选择"开始"→"程序"→"WinQSB"→"Network Modeling"菜单命令。

（2）建立新问题。在图 5-23 所示的对话框中分别选中"Asssignment Problem""Minimization"单选按钮，选取表格形式"Spreadsheet Matrix Form"，输入标题、人员数和任务数。由于效率矩阵表中的行、列代表的是任务或人员，可能有所不同，因此"Number of Objects"（对象数）代表的是行数，"Number of Assignments"（任务数）代表的是列数，分别输入 4、4。

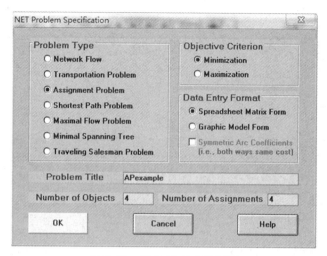

图 5-23　例 5.10 的参数设置

（3）输入数据。单击"OK"按钮生成表格，出现数据编辑窗口。选择"Edit"→"Node Names"菜单命令，对人员和任务进行重命名，然后输入例 5.10 中的相关数据，如图 5-24 所示。

From \ To	A	B	C	D
甲	7	9	10	12
乙	13	12	16	17
丙	15	16	14	15
丁	11	12	15	16

图 5-24　输入例 5.10 的数据

（4）求解并显示结果。选择"Solve and Analyze"→"Solve the Problem"菜单命令，得到例 5.10 的运行结果，如图 5-25 所示。

08-29-2013	From	To	Assignment	Unit Cost	Total Cost	Reduced Cost
1	甲	C	1	10	10	0
2	乙	B	1	12	12	0
3	丙	D	1	15	15	0
4	丁	A	1	11	11	0
	Total	Objective	Function	Value =	48	

图 5-25　例 5.10 的运行结果

由运行结果可知，最优指派方案：甲完成工作 C，乙完成工作 B，丙完成工作 D，丁完成工作 A，所用的时间为 48h。

（5）若想得到例 5.10 的匈牙利法计算步骤，可执行如下操作。

在数据编辑窗口中，选择"Solve and Analyze"→"Solve and Display Step-Tableau"菜单命令，再选择"Iteration"→"Next Iteration"选项，直到计算停止，匈牙利法的计算步骤如图 5-26 所示。

Hungarian Method for APexample - Iteration 1

From \ To	A	B	C	D
甲	0	2	3	4
乙		0	4	
丙		2	0	0
丁	0	1	4	4

（a）

Hungarian Method for APexample - Iteration 2

From \ To	A	B	C	D
甲	0		2	3
乙	2	0	4	4
丙	2	2	0	0
丁	0	0	3	3

（b）

Hungarian Method for APexample - Iteration 3 (Final)

From \ To	A	B	C	D
甲	0			1
乙	2	0	2	2
丙	4	4	0	0
丁	0	0		

（c）

图 5-26　匈牙利法的计算步骤

（6）若选择"Results"→"Graphic Solution"菜单命令，则以网络图的形式显示例 5.10 的结果，如图 5-27 所示。

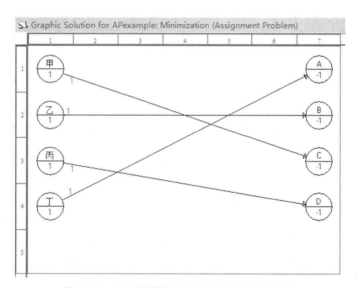

图 5-27　以网络图的形式显示例 5.10 的结果

例 5.11　甲、乙、丙、丁四个人，要完成 A、B、C 三项任务，不同的人做不同的工作所用的时间不同。不同人完成不同任务所需时间如表 5-8 所示。要求每项任务只由一个人完成，每个人至多完成一项任务，问如何指派不同的人去做不同的任务可使所用时间最少？

表 5-8　不同人完成不同任务所需时间

人员	时间/h		
	任务 A	任务 B	任务 C
甲	15	18	21
乙	19	23	22
丙	26	17	16
丁	19	21	23

解　这是一个人数多于任务数的指派问题，WinQSB 软件可直接求解此类不平衡指派问题。启动程序并输入相关数据，输入例 5.11 的数据如图 5-28 所示。

From \ To	A	B	C
甲	15	18	21
乙	19	23	22
丙	26	17	16
丁	19	21	23

图 5-28　输入例 5.11 的数据

求解的例 5.11 的结果如图 5-29 所示。

11-07-2013	From	To	Assignment	Unit Cost	Total Cost	Reduced Cost
1	甲	A	1	15	15	0
2	乙	Unused_Supply	1	0	0	0
3	丙	C	1	16	16	0
4	丁	B	1	21	21	0
Total	Objective	Function	Value =	52		

图 5-29　求解的例 5.11 的结果

从求解结果可知，最优指派方案：甲完成任务 A，乙完成虚拟任务（即乙没有被指派任务），丙完成任务 C，丁完成任务 B，所用的时间为 52h。

例 5.12　某厂按合同规定需在当年每个季度末分别提供 10 台、15 台、25 台、20 台同一规格的柴油机。已知该厂各季度的生产能力及生产每台柴油机的成本如表 5-9 所示。如果生产出来的柴油机当季不交货，每台每积压一个季度需储存、维护等费用 0.15 万元。试求在完成合同的情况下，使该厂全年生产总费用为最小的决策方案。

表 5-9　该厂各季度的生产能力及生产每台柴油机的成本

季度	生产能力/台	单位成本/万元
1	25	10.8
2	35	11.1
3	30	11.0
4	10	11.3

解　这是一个生产与储存问题，可以将其转化为运输问题求解。把第 i 季度生产的柴油机数目

看作第 i 个生产厂的产量；把第 j 季度交货的柴油机数目看作第 j 个销售点的销量；成本加储存、维护等费用看作运费，可构造运输问题，转化后的单位运价表 5-10 所示。

表 5-10　转化后的单位运价表

项目	单位运价/万元				产量/台
	第 1 季度	第 2 季度	第 3 季度	第 4 季度	
第 1 季度	10.80	10.95	11.10	11.25	25
第 2 季度	M	11.10	11.25	11.40	35
第 3 季度	M	M	11.0	11.15	30
第 4 季度	M	M	M	11.30	10
销量/台	10	15	25	20	

注：M 表示足够大的正数。

　　原问题转化为一个产量大于销量的运输问题，WinQSB 软件可直接求解产销不平衡运输问题。在 WinQSB 软件中新建一个 4 个产地、4 个销地的运输问题，输入例 5.12 转化后的数据，如图 5-30 所示。

From \ To	1季交货	2季交货	3季交货	4季交货	Supply
1季生产	10.8	10.95	11.1	11.25	25
2季生产	M	11.1	11.25	11.4	35
3季生产	M	M	11	11.15	30
4季生产	M	M	M	11.3	10
Demand	10	15	25	20	

图 5-30　输入例 5.12 转化后的数据

　　选择"Solve and Analyze"→"Solve the Problem"菜单命令，得到例 5.12 的求解结果，如图 5-31 所示。

08-30-2013	From	To	Shipment	Unit Cost	Total Cost	Reduced Cost
1	1季生产	1季交货	10	10.80	108	0
2	1季生产	2季交货	15	10.95	164.25	0
3	2季生产	3季交货	5	11.25	56.25	0
4	2季生产	Unused_Supply	30	0	0	0
5	3季生产	3季交货	20	11	220	0
6	3季生产	4季交货	10	11.15	111.50	0
7	4季生产	4季交货	10	11.30	113	0
	Total	Objective	Function	Value =	773	

图 5-31　例 5.12 的求解结果

　　如图 5-31 所示，最优决策方案：第 1 季度生产 25 台，其中第 1 季度交货 10 台，第 2 季度交货 15 台；第 2 季度生产 5 台，在第 3 季度交货；第 3 季度生产 30 台，其中第 3 季度交货 20 台，第 4 季度交货 10 台；第 4 季度生产 10 台，在第 4 季度交货，可使该厂全年生产总费用最小，最小费用为 773 万元。

5.5 使用 MATLAB 软件求解运输问题与指派问题

运输问题的数学模型是线性规划模型，因此可以使用 MATLAB 软件中的 linprog 函数来求解运输问题。在 MATLAB 软件中函数是一个黑箱，即只需要输入相应的数据，MATLAB 软件会利用所给的输入，计算所要求的结果，然后将这些结果返回；而函数执行的命令，以及由这些命令所创建的中间变量都是隐含的。因此，利用 linprog 函数求解运输问题，只需输入模型的相应数据就可方便得求得运算结果。

指派问题是特殊的 0-1 规划问题。整数规划问题的求解通常使用 Lingo 等专用软件。对于一般的整数规划问题，无法直接利用 MATLAB 软件中的函数，必须利用 MATLAB 软件编程实现分支定界法和割平面法。但对于指派问题等 0-1 整数规划问题，可以直接利用 MATLAB 软件中的 bintprog 函数进行求解。

5.5.1 实验目的

（1）掌握使用 MATLAB 软件中的 linprog 函数求解运输问题的方法步骤，理解其输出结果。

（2）掌握使用 MATLAB 软件中的 bintprog 函数求解指派问题的方法步骤，理解其输出结果。

（3）进一步熟悉指派问题和运输问题的有关基本概念及数学模型。

5.5.2 实验内容

例 5.13 利用 MATLAB 软件中的 linprog 函数求解运输问题例 5.1。

解 例 5.1 中运输问题的数学模型为

$$\min z = 3x_{11} + 2x_{12} + 7x_{13} + 6x_{14} + 7x_{21} + 5x_{22} + 2x_{23} + 3x_{24} + 2x_{31} + 5x_{32} + 4x_{33} + 5x_{34}$$

$$\text{s.t.} \begin{cases} x_{11} + x_{12} + x_{13} + x_{14} = 50 \\ x_{21} + x_{22} + x_{23} + x_{24} = 60 \\ x_{31} + x_{32} + x_{33} + x_{34} = 25 \\ x_{11} + x_{21} + x_{31} = 60 \\ x_{12} + x_{22} + x_{32} = 40 \\ x_{13} + x_{23} + x_{33} = 20 \\ x_{14} + x_{24} + x_{34} = 15 \\ x_{ij} \geqslant 0 \ (i = 1, 2, 3; j = 1, 2, 3, 4) \end{cases}$$

为了程序的可读性，用一维下标来表示决策变量，即用 $x_1 \sim x_4$ 分别表示 $x_{11} \sim x_{14}$，用 $x_5 \sim x_8$ 分别表示 $x_{21} \sim x_{24}$，用 $x_9 \sim x_{12}$ 分别表示 $x_{31} \sim x_{34}$，于是数学模型可写为

$$\min z = 3x_1 + 2x_2 + 7x_3 + 6x_4 + 7x_5 + 5x_6 + 2x_7 + 3x_8 + 2x_9 + 5x_{10} + 4x_{11} + 5x_{12}$$

$$\text{s.t.} \begin{cases} x_1 + x_2 + x_3 + x_4 = 50 \\ x_5 + x_6 + x_7 + x_8 = 60 \\ x_9 + x_{10} + x_{11} + x_{12} = 25 \\ x_1 + x_5 + x_9 = 60 \\ x_2 + x_6 + x_{10} = 40 \\ x_3 + x_7 + x_{11} = 20 \\ x_4 + x_8 + x_{12} = 15 \\ x_i \geqslant 0 \ (i = 1, 2, \cdots, 12) \end{cases}$$

在命令窗口中输入以下代码:

```
c=[3;2;7;6;7;5;2;3;2;5;4;5];
Aeq=[1 1 1 1 0 0 0 0 0 0 0 0
     0 0 0 0 1 1 1 1 0 0 0 0
     0 0 0 0 0 0 0 0 1 1 1 1
     1 0 0 0 1 0 0 0 1 0 0 0
     0 1 0 0 0 1 0 0 0 1 0 0
     0 0 1 0 0 0 1 0 0 0 1 0
     0 0 0 1 0 0 0 1 0 0 0 1];
beq=[50;60;25;60;40;20;15];
lb=zeros(12,1);          %生成 12 行 1 列的零矩阵
[x,fval]=linprog(c,[],[],Aeq,beq,lb)
```

命令窗口中输出以下结果:

```
Optimization terminated.
x =
   35.0000
   15.0000
    0.0000
    0.0000
    0.0000
   25.0000
   20.0000
   15.0000
   25.0000
    0.0000
    0.0000
    0.0000
```

```
fval =395.0000
```

由于结果中的 x 是一列元素，为了使结果更加直观，再在命令窗口中利用 reshape 函数对变量进行重新排序，就得到与产销平衡表对应的变量排列形式。

```
x=reshape(x,4,3)'
x =
    35.0000    15.0000     0.0000     0.0000
     0.0000    25.0000    20.0000    15.0000
    25.0000     0.0000     0.0000     0.0000
```

由该结果可知，当 $x_{11}=35$、$x_{12}=15$、$x_{22}=25$、$x_{23}=20$、$x_{24}=15$、$x_{31}=25$，其余变量等于 0 时，运费最少。即最优运输方案：由 A_1 运输到 B_1、B_2 的运量分别为 35t、15t；由 A_2 运输到 B_2、B_3、B_4 的运量分别为 25t、20t、15t，由 A_3 运输到 B_1 的运量为 25t，最小运费为 395 百元。

例 5.14 利用 MATLAB 软件中的 bintprog 函数求解例 5.4 中的指派问题。

解 例 5.4 中指派问题的数学模型为

$$\min z = 7x_{11}+9x_{12}+10x_{13}+12x_{14}+13x_{21}+12x_{22}+16x_{23}+17x_{24}+15x_{31}+16x_{32}+14x_{33}+15x_{34}$$
$$+11x_{41}+12x_{42}+15x_{43}+16x_{44}$$

$$\text{s.t.}\begin{cases} x_{11}+x_{12}+x_{13}+x_{14}=1 \\ x_{21}+x_{22}+x_{23}+x_{24}=1 \\ x_{31}+x_{32}+x_{33}+x_{34}=1 \\ x_{41}+x_{42}+x_{43}+x_{44}=1 \\ x_{11}+x_{21}+x_{31}+x_{41}=1 \\ x_{12}+x_{22}+x_{32}+x_{42}=1 \\ x_{13}+x_{23}+x_{33}+x_{43}=1 \\ x_{14}+x_{24}+x_{34}+x_{44}=1 \\ x_{ij}=0\text{或}1 \quad (i=1,2,3,4; j=1,2,3,4) \end{cases}$$

在命令窗口中输入以下代码：

```
c=[7;9;10;12;13;12;16;17;15;16;14;15;11;12;15;16];
Aeq=[1 1 1 1 0 0 0 0 0 0 0 0 0 0 0 0;
     0 0 0 0 1 1 1 1 0 0 0 0 0 0 0 0;
     0 0 0 0 0 0 0 0 1 1 1 1 0 0 0 0;
     0 0 0 0 0 0 0 0 0 0 0 0 1 1 1 1;
     1 0 0 0 1 0 0 0 1 0 0 0 1 0 0 0;
     0 1 0 0 0 1 0 0 0 1 0 0 0 1 0 0;
     0 0 1 0 0 0 1 0 0 0 1 0 0 0 1 0;
     0 0 0 1 0 0 0 1 0 0 0 1 0 0 0 1;
```

```
    ];
beq= ones(8,1);
[x,fval]=bintprog(c,[],[],Aeq,beq);
x=reshape(x,4,4)'
fval
Command window 中输出以下结果:
Optimization terminated.
x =
    0    0    1    0
    0    1    0    0
    0    0    0    1
    1    0    0    0
fval =48
```

由输出结果可知,该指派问题的最优解: $x_{13}=1, x_{22}=1, x_{34}=1, x_{41}=1$,其余变量等于 0。即最优指派方案:甲完成工作 C,乙完成工作 B,丙完成工作 D,丁完成工作 A,所用时间为 48h。

练 习

1. 已知运输问题产、销地的供需量与单位运价表如表 5-11~表 5-13 所示,用软件求解使得总运费最小的最优解。

表 5-11 供需量与单位运价表一

项目	单位运价/元				产量/件	总量/件
	销地 B₁	销地 B₂	销地 B₃	销地 B₄		
产地 A₁	10	2	20	11	15	
产地 A₂	12	7	9	20	25	45
产地 A₃	2	14	16	18	5	
销量/件	5	15	15	10		45

表 5-12 供需量与单位运价表二

项目	单位运价/元				产量/件	总量/件
	销地 B₁	销地 B₂	销地 B₃	销地 B₄		
产地 A₁	8	4	1	2	7	
产地 A₂	6	9	4	7	25	58
产地 A₃	5	3	4	3	26	
销量/件	10	10	20	15		55

表 5-13　供需量与单位运价表三

项目	单位运价/元				产量/件	总量/件
	销地 B₁	销地 B₂	销地 B₃	销地 B₄		
产地 A₁	8	6	3	7	20	
产地 A₂	5	8	4	7	10	60
产地 A₃	6	3	9	6	30	
销量/件	25	25	20	10		80

2. 已知极小化指派问题的效率矩阵如下，用软件求出最优解。

$$（1）\begin{bmatrix} 2 & 10 & 9 & 7 \\ 15 & 4 & 14 & 8 \\ 13 & 14 & 16 & 11 \\ 4 & 15 & 13 & 9 \end{bmatrix}$$

$$（2）\begin{bmatrix} 2 & 9 & 3 & 5 & 7 \\ 6 & 1 & 5 & 6 & 6 \\ 9 & 4 & 7 & 10 & 3 \\ 2 & 5 & 4 & 4 & 1 \\ 9 & 6 & 2 & 4 & 6 \end{bmatrix}$$

3. 石家庄北方医学研究院有一、二、三 3 个区。每年分别需要用煤 3000t、1000t、2000t，由河北临城、山西盂县两处煤矿负责供应，价格、质量相同。供应能力分别为 1500t、4000t，煤的供需量与单位运价如表 5-14 所示。

表 5-14　煤的供需量与单位运价

项目	单位运价/(元/t)			供应量/t	总量/t
	一区	二区	三区		
山西盂县	1.80	1.70	1.55	4000	
河北临城	1.60	1.50	1.75	1500	5500
需求量/t	3000	1000	2000		6000

由于需求量大于供应量，经院研究决定一区供应量可减少 0～300t，二区必须满足需求量，三区供应量不少于 1500t。试求总费用为最低的调运方案。

4. 设有 A、B、C 三个化肥厂供应 1、2、3、4 四个地区的农用化肥。假设效果相同，化肥的供需量与单位运价如表 5-15 所示。

表 5-15　化肥的供需量与单位运价

项目	单位运价/(元/t)				供应量/t	总量/t
	1 地区	2 地区	3 地区	4 地区		
A 化肥厂	16	13	22	17	50	
B 化肥厂	14	13	19	15	60	160
C 化肥厂	19	20	23	—	50	
最低需求量/t	30	70	0	10		110

试求总费用最低的化肥调拨方案。

5. 某电子仪器公司在大连和广州有两个分厂生产同一种仪器,大连分厂每月生产 400 台,广州分厂每月生产 600 台。该公司在上海和天津有两个销售公司负责对南京、济南、南昌、青岛 4 个城市进行仪器供应。另外,因为大连距离青岛较近,公司同意大连分厂向青岛直接供货,运输费用如图 5-32 所示,单位是百元。求应该如何调运仪器,可使总运输费用最低?

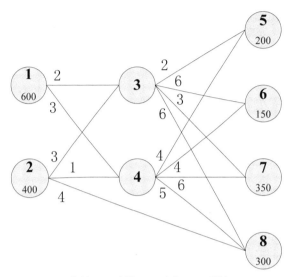

1—广州；2—大连；3—上海；4—天津；
5—南京；6—济南；7—南昌；8—青岛。

图 5-32　运输费用

6. 某公司拟将四种新产品配置到四个工厂生产,每种新产品只能配置到一个工厂,一个工厂只能配置一种新产品,每个工厂的单位产品成本如表 5-16 所示,如何进行配置才能使单位产品总成本最低?

表 5-16　每个工厂的单位产品成本　　　　　　　　　　　　　　　　　　　　单位:元/件

项目	产品 1	产品 2	产品 3	产品 4
工厂 1	58	69	180	260
工厂 2	75	50	150	230
工厂 3	65	70	170	250
工厂 4	82	55	200	280

7. 人事部门欲安排四个人到四个不同岗位工作,每个岗位一个人,每个人一个岗位。经考核,五个人在不同岗位的成绩(百分制)如表 5-17 所示,如何安排他们的工作可以使总成绩最好?应淘汰哪一位?

表 5-17　五个人在不同岗位的成绩

人员	工作岗位			
	人力资源	物流管理	市场营销	信息管理
甲	85	92	73	90
乙	95	87	78	95
丙	82	83	79	90
丁	86	90	80	88
戊	76	85	92	93

8. 某商业集团计划在市内 4 个点投资 4 个专业超市，考虑的商品有电器、服装、食品、家具及计算机 5 个类别。通过评估，家具超市不能放在第 3 个点上，计算机超市不能放在第 4 个点上，不同类别的商品投资到各点的年利润预测值如表 5-18 所示。该商业集团如何做出投资决策可以使年利润最大化？

表 5-18　不同类别的商品投资到各点的年利润预测值　　　　　　　单位：万元

商品	第 1 个点	第 2 个点	第 3 个点	第 4 个点
电器	120	300	360	400
服装	80	350	420	260
食品	150	160	380	300
家具	90	200	—	180
计算机	220	260	270	—

第6章 目标规划实验

6.1 基础知识

6.1.1 目标规划问题及模型

在前面的线性规划和整数规划的实验中，我们所讨论的问题都只有单一的目标。例如，线性规划问题讨论一个目标函数在若干约束条件下的最大值或最小值的问题。在很多实际问题中，如在经济、管理、军事、科学和工程设计等领域的问题中，衡量一个方案的好坏往往难以用一个指标来判断，而需要用多个目标来比较，这些目标有时是不协调的，甚至是矛盾的，此类问题称为多目标决策问题。例如，企业在制订生产计划时，不仅要考虑利润最大化，还要考虑总产值、产品质量、设备利用率等。

目标规划（Goal Programming）是解决多目标决策问题的方法之一，它将多目标决策问题转化为线性规划来求解。目标规划的数学模型最早是由美国学者查恩斯（Charnes）和库珀（Cooper）于1961年在《管理模型和线性规划的工业应用》一书中提出的，后来经不断完善和改进，使这种方法趋于成熟并得到广泛应用。目标规划的基本思想：分别给予众多的目标一个希望实现的目标值，然后按目标的重要程度依次进行考虑和计算，以求得最接近各预定目标值的方案。在目标规划模型中，如果每个目标函数都是决策变量的线性函数，则称该目标规划为线性目标规划（Linear Goal Programming，LGP）。

应用线性目标规划模型处理有优先级的多目标决策问题时，与一般线性规划模型相比，有以下区别：

（1）模型的决策变量除了问题所要求的决策变量，还要将各目标的偏差（包括正偏差和负偏差）均作为决策变量，以确定各实际值与各预定目标值的最佳差距。

（2）根据偏差的定义，目标规划模型应增加一个约束条件：

实际值+负偏差-正偏差=预定目标值

（3）在求解目标规划问题时，按照优先级的次序，从高层到低层逐层优化，在不加大高层偏差值的情况下，使该层加权偏差值达到最小。

目标规划的一般数学模型为

$$\min z = \sum_{k=1}^{K} P_k \sum_{l=1}^{L} (\omega_{kl}^- d_l^- + \omega_{kl}^+ d_l^+)$$

$$\text{s.t.} \begin{cases} \sum\limits_{j=1}^{n} a_{ij}x_j \leqslant (=, \geqslant)b_i & (i = 1, 2, \cdots, m) \\ \sum\limits_{j=1}^{n} c_{lj}x_j + d_l^- - d_l^+ = g_l & (l = 1, 2, \cdots, L) \\ x_j \geqslant 0 & (j = 1, 2, \cdots, n) \\ d_l^-, d_l^+ \geqslant 0 & (l = 1, 2, \cdots, L) \end{cases}$$

式中，$x_j(j = 1, 2, \cdots, n)$ 是目标规划的决策变量。目标函数中的 $P_k(k = 1, 2, \cdots, K)$ 为优先因子，用来表示各个目标的重要程度，要求 $P_1 \gg P_2 \gg \cdots \gg P_K$，即在实现多个目标时，首先保证 P_1 级目标的实现，这时可不考虑其他级别目标，而 P_2 级目标是在保证 P_1 级目标实现的前提下考虑的，以此类推。对于同一优先级 P_k 中的不同目标，按其重要程度可分别乘上不同的权系数，分别记为 ω_{kl}^-、$\omega_{kl}^+(l = 1, 2, \cdots, L)$，权系数越大，表明该目标越重要。约束条件第一行是 m 个系统（绝对）约束，通常也称为刚性约束，它们可能是等式约束，也可能是不等式约束。刚性约束必须严格满足，处理方法与线性规划中的相同。约束条件第二行是 L 个目标约束，通常也称为柔性约束，目标约束的偏差记为 d_l^-、$d_l^+(l = 1, 2, \cdots, L)$。对于目标约束，允许出现偏差，如果希望不等式保持大于等于，则极小化负偏差；如果希望不等式保持小于等于，则极小化正偏差；如果希望等式成立，则同时极小化正、负偏差。

通常对于一个实际问题，建立目标规划数学模型的步骤如下：

（1）根据要研究的问题所提出的各目标和条件，确定目标值，列出目标约束与绝对约束；

（2）可根据决策者的需要，将某些或全部绝对约束转化为目标约束；

（3）给各目标赋予相应的优先因子 P_k，对于同一优先级的各目标，按其重要程度不同赋予相应的权系数 ω_{kl}^- 和 ω_{kl}^+；

（4）根据决策者的要求，构造一个由优先因子和权系数与相应的偏差变量组成的、要求实现极小化的目标函数。

6.1.2　目标规划问题的求解方法

目标规划问题的解法有单纯形法、序贯式算法（层次算法）。

目标规划问题的数学模型与线性规划问题的数学模型有相似的结构，只是在目标规划问题的数学模型中，其目标函数带有优先因子 P_k 及正、负偏差变量。可以把 $P_k(k = 1, 2, \cdots, K)$ 看成具有不同数量级的很大的数，而目标函数中的正、负偏差变量可看成线性规划问题的数学模型中的松弛变量，并可结合目标规划问题的特点对单纯形法略加改变，仍然可以用单纯形法来求解目标规划问题。

序贯式算法是求解目标规划问题的一种早期算法，其核心是根据优先级的先后次序，将目标规划问题分解成一系列的单目标规划问题，然后依次求解。

求解目标规划问题的序贯式算法如下所述。

对于 $k = 1, 2, \cdots, K$，求解一系列单目标规划问题：

$$\min z_k = \sum_{l=1}^{L}(\omega_{kl}^{-}d_l^{-} + \omega_{kl}^{+}d_l^{+}) \tag{6-1}$$

$$\text{s.t.} \sum_{j=1}^{n}a_{ij}x_j \leqslant (=,\geqslant)b_i \quad (i=1,2,\cdots,m) \tag{6-2}$$

$$\sum_{j=1}^{n}c_{lj}x_j + d_l^{-} - d_l^{+} = g_l \quad (l=1,2,\cdots,L) \tag{6-3}$$

$$\sum_{l=1}^{L}(\omega_{sl}^{-}d_l^{-} + \omega_{sl}^{+}d_l^{+}) \leqslant z_s^{*} \quad (s=1,2,\cdots,k-1) \tag{6-4}$$

$$x_j \geqslant 0 \quad (j=1,2,\cdots,n) \tag{6-5}$$

$$d_l^{-},d_l^{+} \geqslant 0 \quad (l=1,2,\cdots,L) \tag{6-6}$$

其最优目标值为 z_k^{*}，当 $k=1$ 时，约束式（6-4）为空约束。当 $k=K$ 时，所对应的解 x^{*} 为目标规划问题的满意解。

6.2　使用 LINDO/Lingo 软件求解目标规划问题

目标规划问题的数学模型与线性规划问题的数学模型没有本质上的区别，如果把 $P_k(k=1,2,\cdots,K)$ 取为具有不同数量级的正常数，则目标规划问题可以看作标准的线性规划问题。从而，我们可以在 LINDO/Lingo 软件中直接输入其数学模型来求解目标规划问题。

目标规划问题的序贯式算法的基本思想是，依据达成函数中各目标的优先级别，将目标规划模型分解为一系列的单一的线性规划模型，然后逐一完成其求解过程。因此，我们也可以在 LINDO/Lingo 软件中通过求解一系列的线性规划模型来求解目标规划问题。

在 LINDO 软件中，由于"Solve"菜单中的"Preemptive Goal"选项可用来处理具有不同优先权的多目标函数的线性规划，因此可利用该命令来求解目标规划问题。具体来说就是，将处于不同优先级的目标函数用不同的变量表示出来，再将这些变量按优先顺序依次相加作为新的目标函数，最后用上述命令求解即可。

6.2.1　实验目的

（1）掌握目标规划问题的数学模型及其建模方法。

（2）熟悉 LINDO/Lingo 软件求解目标规划问题的方法步骤，能够理解、分析求解结果。

6.2.2　实验内容

例 6.1　某企业计划生产甲、乙两种产品，这些产品需要使用两种材料，要在两种不同设备上加工。产品和设备的相关数据如表 6-1 所示。

表 6-1 产品和设备的相关数据

项目	甲产品	乙产品	现有资源
材料Ⅰ/kg	4	0	16
材料Ⅱ/kg	0	4	12
设备 A/h	2	2	12
设备 B/h	1	2	8
产品单位利润/（元/件）	2	3	

工厂在原材料供应受严格限制的基础上，考虑以下几个方面。

第一优先级：力求使利润不低于 12 元。

第二优先级：考虑到市场需求，甲、乙两种产品的生产量需保持 1∶1 的比例。

第三优先级：设备 B 必要时可以加班，但加班时间要控制；设备 A 既要求充分利用，又尽可能不加班。设备 A 的重要性是设备 B 的 3 倍。

工厂应如何制订生产计划，才能尽可能好地满足上述目标？

解 设甲、乙产品分别生产 x_1, x_2 件，分别赋予题目中的三个目标优先因子 P_1, P_2, P_3，建立目标规划问题模型如下：

$$\min z = P_1 d_1^- + P_2(d_2^+ + d_2^-) + 3P_3(d_3^+ + d_3^-) + P_3 d_4^+$$

$$\text{s.t.}\begin{cases} 4x_1 \leqslant 16 \\ 4x_2 \leqslant 12 \\ 2x_1 + 3x_2 + d_1^- - d_1^+ = 12 \\ x_1 - x_2 + d_2^- - d_2^+ = 0 \\ 2x_1 + 2x_2 + d_3^- - d_3^+ = 12 \\ x_1 + 2x_2 + d_4^- - d_4^+ = 8 \\ x_1, x_2, d_i^+, d_i^- \geqslant 0 \quad (i = 1, 2, 3, 4) \end{cases}$$

1. 转化为线性规划问题模型求解

对应的各个优先级分别设为 $P_1 = 100, P_2 = 10, P_3 = 1$（对于某些特殊问题可适当加大各优先级级差），则目标函数变为

$$\min z = 100d_1^- + 10(d_2^+ + d_2^-) + 3(d_3^+ + d_3^-) + d_4^+$$

为了便于使用 Lingo 软件进行求解，记 $d_{i1} = d_i^-$，$d_{i2} = d_i^+, i = 1, 2, 3$。其 Lingo 软件中的计算程序如下：

```
min=100*d11+10*(d21+d22)+3*(d31+d32)+d42;
    4*x1<16;
    4*x2<12;
    2*x1+3*x2+d11-d12=12;
```

```
x1-x2+d21-d22=0;

2*x1+2*x2+d31-d32=12;

x1+2*x2+d41-d42=8;
```

在 Lingo 软件的工作区中录入该程序，输入的例 6.1 的程序如图 6-1 所示。

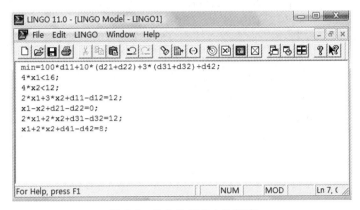

图 6-1　输入的例 6.1 的程序

在"Lingo"菜单中单击"Solve"选项，或按"Ctrl"+"U"键进行求解。弹出例 6.1 的求解报告窗口，如图 6-2 所示。

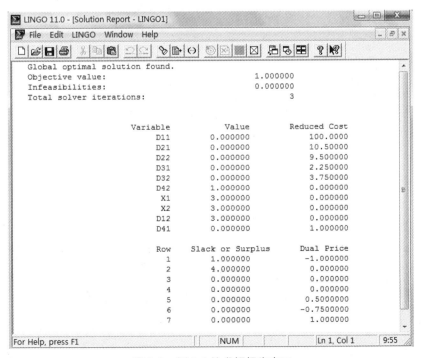

图 6-2　例 6.1 的求解报告窗口

由求解报告可知，$x_1 = 3$、$x_2 = 3$ 是该问题的满意解，此时 $d_1^- = 0$，$d_1^+ = 3$，$d_2^- = 0$，$d_2^+ = 0$，$d_3^- = 0$，$d_3^+ = 0$，$d_4^- = 0$，$d_4^+ = 1$。即该企业的生产计划为，甲、乙产品各生产 3 件，此时第一优先级目标企业利润不低于 12 元完全实现，且由 $d_1^+ = 3$ 可知利润为 15 元；第二优先级目标甲、乙两种产品的生产量保持 $1:1$ 的比例也完全实现；在第三优先级目标中，由 $d_3^- = 0$、$d_3^+ = 0$ 知，设备 A 工时控制的目标实现，由 $d_4^+ = 1$ 知设备 B 需要加班 1h。

2. 利用序贯式算法进行求解

（1）首先对于第一优先级，求解线性规划问题：

$$\min z_1 = d_1^-$$

$$\text{s.t.} \begin{cases} 4x_1 \leqslant 16 \\ 4x_2 \leqslant 12 \\ 2x_1 + 3x_2 + d_1^- - d_1^+ = 12 \\ x_1 - x_2 + d_2^- - d_2^+ = 0 \\ 2x_1 + 2x_2 + d_3^- - d_3^+ = 12 \\ x_1 + 2x_2 + d_4^- - d_4^+ = 8 \\ x_1, x_2, d_i^+, d_i^- \geqslant 0 \quad (i = 1, 2, 3, 4) \end{cases}$$

在 Lingo 软件中输入该模型，输入的例 6.1 的模型数据（第一优先级）如图 6-3 所示。

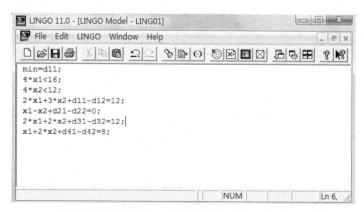

图 6-3 输入的例 6.1 的模型数据（第一优先级）

例 6.1 序贯式算法的求解结果（第一优先级）如图 6-4 所示。

由求解结果可知，最优目标函数值 $z_1^* = 0$，即第一优先级目标的最小偏差为 0。

（2）对于第二优先级，约束条件中加上 $d_1^- = 0$，求解线性规划问题：

$$\min z_2 = d_2^+ + d_2^-$$

$$\text{s.t.} \begin{cases} 4x_1 \leqslant 16 \\ 4x_2 \leqslant 12 \\ 2x_1 + 3x_2 + d_1^- - d_1^+ = 12 \\ x_1 - x_2 + d_2^- - d_2^+ = 0 \\ 2x_1 + 2x_2 + d_3^- - d_3^+ = 12 \\ x_1 + 2x_2 + d_4^- - d_4^+ = 8 \\ d_1^- = 0 \\ x_1, x_2, d_i^+, d_i^- \geqslant 0 \quad (i = 1, 2, 3, 4) \end{cases}$$

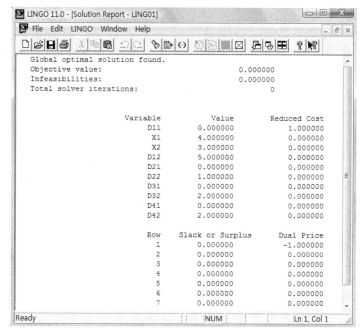

图 6-4　例 6.1 序贯式算法的求解结果（第一优先级）

在 Lingo 软件中输入该模型，输入的例 6.1 的模型数据（第二优先级）如图 6-5 所示。

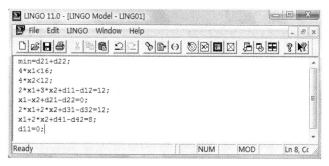

图 6-5　输入的例 6.1 的模型数据（第二优先级）

例 6.1 序贯式算法的求解结果（第二优先级）如图 6-6 所示。

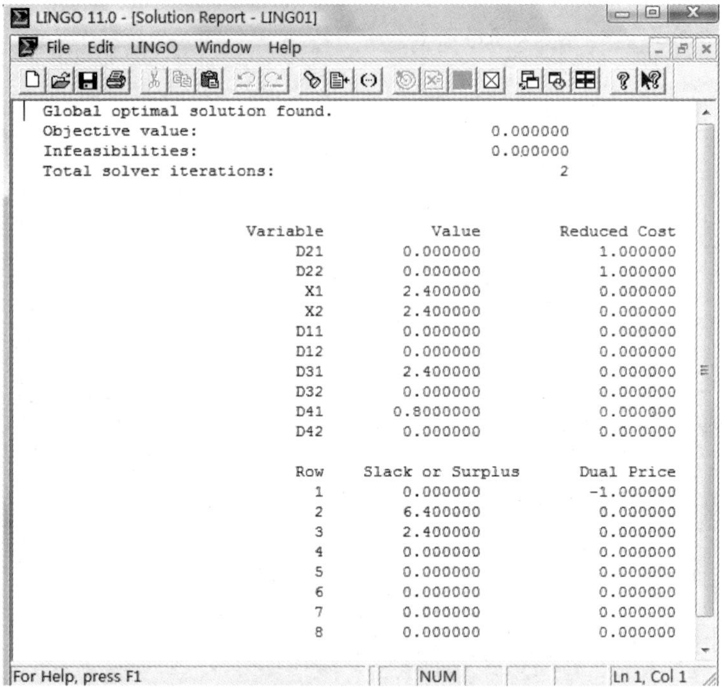

图 6-6　例 6.1 序贯式算法的求解结果（第二优先级）

由求解结果可知，最优目标函数值 $z_2^* = 0$，即第二优先级目标的最小偏差为 0。

（3）对于第三优先级，约束条件中加上 $d_1^- = 0$，$d_2^+ + d_2^- = 0$，求解线性规划问题：

$$\min z = 3(d_3^+ + d_3^-) + d_4^+$$

$$\text{s.t.} \begin{cases} 4x_1 \leqslant 16 \\ 4x_2 \leqslant 12 \\ 2x_1 + 3x_2 + d_1^- - d_1^+ = 12 \\ x_1 - x_2 + d_2^- - d_2^+ = 0 \\ 2x_1 + 2x_2 + d_3^- - d_3^+ = 12 \\ x_1 + 2x_2 + d_4^- - d_4^+ = 8 \\ d_1^- = 0 \\ d_2^- + d_2^+ = 0 \\ x_1, x_2, d_i^+, d_i^- \geqslant 0 \quad (i = 1, 2, 3, 4) \end{cases}$$

在 Lingo 软件中输入该模型，输入的例 6.1 的模型数据（第三优先级）如图 6-7 所示。

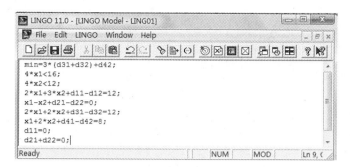

图 6-7 输入的例 6.1 的模型数据（第三优先级）

例 6.1 序贯式算法的求解结果（第三优先级）如图 6-8 所示。

图 6-8 例 6.1 序贯式算法的求解结果（第三优先级）

由求解结果可知，最优目标函数值 $z_3^* = 1$，即第三优先级目标的最小偏差为 1。

综合以上三步得到问题的满意解为 $x_1 = 3$、$x_2 = 3$，第一、第二优先级目标完成，第三优先级目标的总偏差为 1。

3. 用 LINDO 软件中的 Preemptive Goal 选项求解

（1）在 LINDO 软件中输入如下程序：

```
Min obj1+obj2+obj3
st
```

```
4x1<16
4x2<12
2x1+3x2+d11-d12=12
x1-x2+d21-d22=0
2x1+2x2+d31-d32=12
x1+2x2+d41-d42=8
obj1-d11=0
obj2-d21-d22=0
obj3-3d31-3d32-d42=0
end
```

（2）选择"Solve"→"Preemptive Goal"菜单命令，如图 6-9 所示。

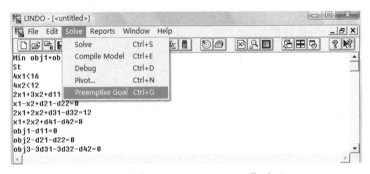

图 6-9　选择"Preemptive Goal"选项

用"Preemptive Goal"选项求解的结果如图 6-10 所示。

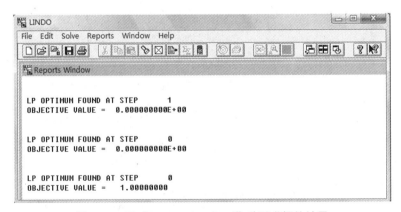

图 6-10　用"Preemptive Goal"选项求解的结果

图 6-10 所示的是我们模型中三个优先级的目标函数的最优值和计算迭代次数。

（3）选择"Reports"→"Solution"菜单命令，可找到最优解，最优解窗口如图 6-11 所示。

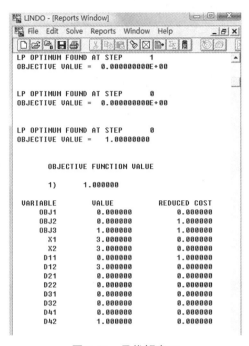

图 6-11　最优解窗口

解的输出结构同线性规划问题解的输出结构一样（这里只截取了最优解部分）。在输出的最优解中，目标函数值和计算迭代次数均指求解最后一个优先级的目标函数时的情况，而且将各优先级的目标函数值（obj1,obj2,obj3）列出。从输出的解的报告可知，满意解为 $x_1 = 3$、$x_2 = 3$，第一、二优先级目标函数值（obj1,obj2）为 0，第三优先级目标函数值（obj3）为 1，即原问题中第一、二优先级目标完成，第三优先级目标的总偏差为 1。

6.3　使用 WinQSB 软件求解目标规划问题

WinQSB 软件中的"Goal Programming"模块可用来求解目标规划问题。WinQSB 软件提供了比较方便的运算方式，WinQSB 软件求解多目标规划问题具有自己的特色，基于表格的建模方式。目标规划问题的数学模型与线性规划问题的数学模型没有本质区别，单纯形法仍然是求解目标规划问题的主要算法和工具，使用 WinQSB 软件求解小型目标规划问题还可以演示中间的计算过程。对于只有两个变量的目标规划问题，WinQSB 软件还可以用图解法求解。

6.3.1　实验目的

（1）掌握目标规划问题的数学模型及其建模方法。

（2）熟悉 WinQSB 软件求解目标规划问题的方法步骤，能够理解、分析求解结果。

（3）进一步理解单纯形法求解目标规划问题的过程。

6.3.2 实验内容

例 6.2　用 WinQSB 软件求解例 6.1 的目标规划问题的数学模型。

$$\min z = P_1 d_1^- + P_2(d_2^+ + d_2^-) + 3P_3(d_3^+ + d_3^-) + P_3 d_4^+$$

$$\text{s.t.}\begin{cases} 4x_1 \le 16 \\ 4x_2 \le 12 \\ 2x_1 + 3x_2 + d_1^- - d_1^+ = 12 \\ x_1 - x_2 + d_2^- - d_2^+ = 0 \\ 2x_1 + 2x_2 + d_3^- - d_3^+ = 12 \\ x_1 + 2x_2 + d_4^- - d_4^+ = 8 \\ x_1, x_2, d_i^+, d_i^- \ge 0 \quad (i = 1,2,3,4) \end{cases}$$

解　（1）运行 Goal Programming 模块。选择"开始"→"程序"→"WinQSB"→"Goal Programming"
菜单命令，运行后出现启动窗口，如图 6-12 所示。

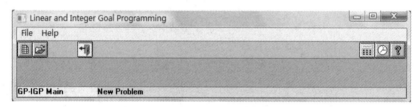

图 6-12　启动窗口

（2）创建新问题。单击"File"菜单中的"New Problem"菜单命令，打开如图 6-13 所示的创建
新问题参数设置对话框。

在"Number of Goals"（目标数，指优先级数）文本框中输入"3"。

在"Number of Varialbes"（变量数，包括决策变量和偏差变量）文本框中输入"10"。

在"Number of Constraints"（约束条件数，包括系统约束和目标约束）文本框中输入"6"。

在"Default Goal Criteria"（目标要求）选区中选中"Minimization"（最小）单选按钮。

在"Data Entry Format"（数据输入方式）选区中选中"Spreadsheet Matrix Form"单选按钮。

在"Default Variable Type"（数据类型）选区中选中"Nonnegative continuous"单选按钮。

（3）单击"OK"按钮生成表格，出现数据编辑窗口，包括偏差变量均为 x 的下标变量。可选择
"Edit"→"Variable Names"菜单命令，修改偏差变量名，修改偏差变量名对话框如图 6-14 所示。

（4）单击"OK"按钮，返回数据输入窗口并按数学模型输入数据（G1 所在行为目标函数中优
先因子 P_1 所对应的偏差变量的系数，以此类推），如图 6-15 所示。

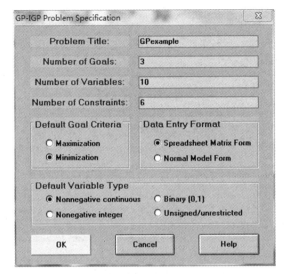

GP-IGP Problem Specification	
Problem Title:	GPexample
Number of Goals:	3
Number of Variables:	10
Number of Constraints:	6

Default Goal Criteria
○ Maximization
● Minimization

Data Entry Format
● Spreadsheet Matrix Form
○ Normal Model Form

Default Variable Type
● Nonnegative continuous   ○ Binary (0,1)
○ Nonegative integer   ○ Unsigned/unrestricted

OK   Cancel   Help

图 6-13　创建新问题参数设置对话框

d4+

Original Name	New Name
X1	X1
X2	X2
X3	d1-
X4	d1+
X5	d2-
X6	d2+
X7	d3-
X8	d3+
X9	d4-
X10	d4+

OK   Cancel   Help

图 6-14　修改偏差变量名对话框

Variable -->	X1	X2	d1-	d1+	d2-	d2+	d3-	d3+	d4-	d4+	Direction	R. H. S.
Min:G1			1									
Min:G2					1	1						
Min:G3							3	3		1		
C1	4										<=	16
C2		4									<=	12
C3	2	3	1	-1							=	12
C4	1	-1			1	-1					=	0
C5	2	2					1	-1			=	12
C6	1	2							1	-1	=	8
LowerBound	0	0	0	0	0	0	0	0	0	0		
UpperBound	M	M	M	M	M	M	M	M	M	M		
VariableType	Continuous	Continuous	Continuous	Continuous	Continuous	Continuous	Continuous	Continuous	Continuous	Continuous		

图 6-15　返回数据输入窗口

（5）求解。选择"Solve and Analyze"→"Sove the Problem"菜单命令，得到运行结果，输出结果中给出了从最高优先级目标 G1 到最低优先级目标 G3 的优化结果，如图 6-16 所示（这里只截取了 G3 部分）。

21	G3	X1	3.00	0	0	0	-15.00	9.00
22	G3	X2	3.00	0	0	0	-15.00	9.00
23	G3	d1-	0	0	0	0	-M	M
24	G3	d1+	3.00	0	0	0	-3.00	1.80
25	G3	d2-	0	0	0	0.50	-M	M
26	G3	d2+	0	0	0	-0.50	-M	M
27	G3	d3-	0	3.00	0	2.25	0.75	M
28	G3	d3+	0	3.00	0	3.75	-0.75	M
29	G3	d4-	0	0	0	1.00	-1.00	M
30	G3	d4+	1.00	1.00	1.00	0	0	4.00
	G1	Goal	Value	(Min.) =	0			
	G2	Goal	Value	(Min.) =	0			
	G3	Goal	Value	(Min.) =	1.00			

图 6-16　输出结果

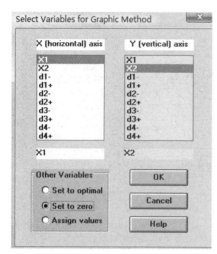

图 6-17　图解法求解的参数设置对话框

由输出结果可见，满意解为 $x_1 = 3$、$x_2 = 3$，第一、二优先级目标函数值为 0，第三优先级目标函数值为 1，即原问题中的第一、二优先级目标完成，第三优先级目标的总偏差为 1。

（6）该目标规划问题的数学模型中只有两个决策变量，WinQSB 软件还可以使用图解法来求解。具体方法：问题输入完成后，选择"Solve and Analyze"→"Graphic Method"菜单命令（限两个决策变量），出现图 6-17 所示的图解法求解的参数设置对话框。

默认水平坐标轴是"X1"，垂直坐标轴是"X2"，不需要更改。其他变量（偏差变量）选择"Set to zero"，单击"OK"按钮，系统显示求解的综合报告表，如图 6-18 所示。若偏差变量选择"Set to optimal"，则图中各目标约束均过最优解，最优解报告表如图 6-19 所示。

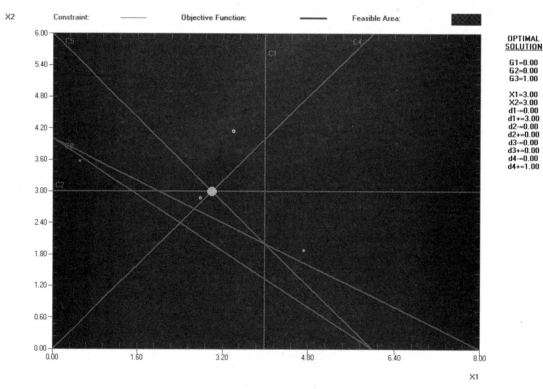

图 6-18　求解的综合报告表

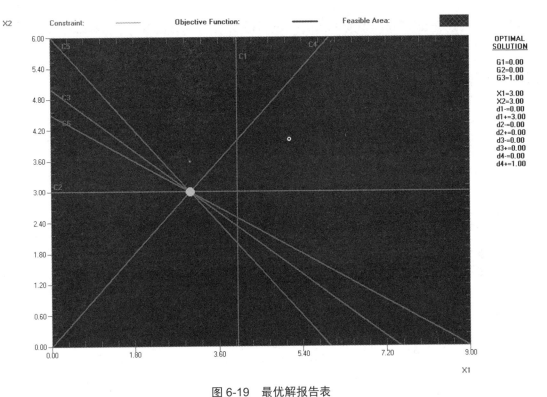

图 6-19　最优解报告表

6.4　使用 MATLAB 软件求解目标规划问题

线性目标规划是解决多目标规划问题的一种方法，它是在线性规划基础上发展起来的，它的数学模型与线性规划问题的数学模型没有本质上的区别。如果把 $P_k(k=1,2,\cdots,K)$ 取为具有不同数量级的正常数，则目标规划问题可以看成标准的线性规划问题，从而我们可以使用 MATLAB 软件中的 linprog 函数来求解目标规划问题。

MATLAB 软件优化工具箱中提供了求解多目标规划问题的 fgoalattain 函数，fgoalattain 函数求解多目标规划问题的基本算法是目标达到法。设多目标规划问题的数学模型为如下的标准形式：

$$\min F(x) = \min \begin{bmatrix} f_1(X) \\ f_2(X) \\ \vdots \\ f_k(X) \end{bmatrix}$$

$$\text{s.t.}\ \ \Phi(X) = \begin{pmatrix} \phi_1(X) \\ \phi_2(X) \\ \vdots \\ \phi_m(X) \end{pmatrix} \leqslant \begin{pmatrix} 0 \\ 0 \\ \vdots \\ 0 \end{pmatrix}$$

在求解之前，先设计与目标函数相应的一组目标值理想化的期望目标 $f_i^*\ (i=1,2,\cdots,k)$，每一个目标对应的权重系数为 $w_i\ (i=1,2,\cdots,k)$，再设 γ 为松弛因子。那么，多目标规划问题就转化为

$$\min_{X,\gamma} \gamma$$

$$\text{s.t.} \begin{cases} f_i(X) - w_i\gamma \leqslant f_i^* & (i=1,2,\cdots,k) \\ \phi_j(X) \leqslant 0 & (j=1,2,\cdots,m) \end{cases}$$

与目标规划模型相比，目标达到法对每个目标只引入一个松弛因子 γ，而且没有涉及同优先级内不同变量的权重问题。用目标达到法求解多目标规划问题的计算过程，可以通过调用 MATLAB 软件优化工具箱中的 fgoalattain 函数实现。

fgoalattain 函数定义的多目标规划问题的标准形式为

$$\min_{X,\gamma} \gamma$$

$$\text{s.t.} \begin{cases} F(\boldsymbol{x}) - \textbf{weight}\gamma \leqslant \textbf{goal} \\ c(\boldsymbol{x}) \leqslant 0 \\ \text{ceq}(\boldsymbol{x}) = 0 \\ \boldsymbol{A}\boldsymbol{x} \leqslant \boldsymbol{b} \\ \textbf{Aeq}\boldsymbol{x} = \textbf{beq} \\ \textbf{lb} \leqslant \boldsymbol{x} \leqslant \textbf{ub} \end{cases}$$

式中，$\boldsymbol{x}, \boldsymbol{b}, \textbf{beq}, \textbf{lb}, \textbf{ub}$ 是向量；$\boldsymbol{A}, \textbf{Aeq}$ 是矩阵；$c(\boldsymbol{x}), \text{ceq}(\boldsymbol{x})$ 和 $F(\boldsymbol{x})$ 是返回向量的函数，可以是非线性函数；**weight** 为权重向量，用于控制对应的目标函数与用户定义的目标函数值的接近程度；**goal** 为用户设计的与目标函数相对应的目标函数值向量；γ 为一个松弛因子标量；$F(\boldsymbol{x})$ 为多目标规划中的目标函数。

fgoalattain 函数的调用格式如下：

```
x = fgoalattain(fun,x0,goal,weight)
x = fgoalattain(fun,x0,goal,weight,A,b)
x = fgoalattain(fun,x0,goal,weight,A,b,Aeq,beq)
x = fgoalattain(fun,x0,goal,weight,A,b,Aeq,beq,lb,ub)
x = fgoalattain(fun,x0,goal,weight,A,b,Aeq,beq,lb,ub,nonlcon)
x = fgoalattain(fun,x0,goal,weight,A,b,Aeq,beq,lb,ub,nonlcon,... options)
[x,fval] = fgoalattain(...)
[x,fval,attainfactor] = fgoalattain(...)
[x,fval,attainfactor,exitflag] = fgoalattain(...)
[x,fval,attainfactor,exitflag,output] = fgoalattain(...)
[x,fval,attainfactor,exitflag,output,lambda] = fgoalattain(...)
```

在 fgoalattain 函数的输入参数中，fun 为目标函数，x0 是求解的初始值，goal 是目标函数的期望值，weight 是目标权重向量，nonlcon 是非线性约束函数。

输入参数中的 fun 为需要最小化的目标函数，在 fun 函数中需要输入设计变量 x，为一个列向量，结果返回 x 处的目标函数值。fun 可以是一个在 M 函数中定义的函数句柄，例如，

```
x = fgoalattain(@myfun,x0,goal,weight)
```

M 函数文件 myfun.m 有下面的形式：

```
function f = myfun(x)
f = ...            % 目标函数
```

输入参数中的 goal 变量是指希望目标函数达到的向量值。该向量的长度与 fun 函数返回的目标函数 f 相等。fgoalattain 函数试图通过最小化向量 f 中的值来达到 goal 参数给定的目标。

输入参数中的 nonlcon 参数则代表多目标规划中的约束函数，它包括了不等式约束 c(x)≤0 和等式约束 ceq(x)=0。

输入参数中的 weight 变量为权重向量，可以控制低于或超过 fgoalattain 函数指定目标的相对程度。当 goal 的值都是非零值时，算法为了保证有效的目标值超过或低于的比例相当，将权重函数设置为 abs(goal)。需要注意的是，如果将 weight 向量中的任一元素设置为 0，则算法将把对应的目标约束当作刚性约束来处理。当设置 weight 为不同的数值时，fgoalattain 函数将对目标函数采取不同的处理方式：

（1）当权重 weight 设置为正时，fgoalattain 函数则试图使目标函数值小于期望值；

（2）当权重 weight 设置为负时，fgoalattain 函数则试图使目标函数值大于期望值。

输入参数还包括 options，我们可以通过 optimset 函数来进行优化参数设置，这里不做详细介绍。

在输出参数中，x 为最优点或者迭代结束点，fval 为最优值或迭代结束点的函数值。其他输出参数包含 attainfactor、exitflag、lambda 和 output。

输出参数 attainfactor 指明了目标达到的情况。当 attainfactor 为负时，说明目标函数值溢出期望值 goal；当 attainfactor 为正时，说明目标函数还未达到期望值。

输出参数 exitflag 是优化终止状态指示结构变量，其值及其对应的物理意义如下。

1：收敛于解 x 处；

4：搜索方向向量的模长小于指定值，且约束破坏小于 options.TolCon；

5：搜索方向上偏导数的模长小于指定值，且约束破坏小于 options.TolCon；

0：已经达到最大迭代次数限制 MaxIter 或者已经达到函数评价次数的最大允许值 FunEvals；

-1：算法被输出函数终止；

-2：无可行解。

output 为算法输出（算法的迭代信息等），lambda 为最优点或迭代结束点的拉格朗日乘子。

6.4.1　实验目的

（1）掌握使用 MATLAB 软件中的 linprog 函数求解目标规划问题的方法步骤，理解其输出结果。

（2）掌握使用 MATLAB 软件中的 fgoalattain 函数求解多目标规划问题的方法步骤，理解其输出结果。

（3）进一步熟悉目标规划问题的有关基本概念及数学模型。

6.4.2 实验内容

例 6.3 利用 linprog 函数求解例 6.1 中的目标规划问题的数学模型。

$$\min z = P_1 d_1^- + P_2(d_2^+ + d_2^-) + 3P_3(d_3^+ + d_3^-) + P_3 d_4^+$$

$$\begin{cases} 4x_1 \leqslant 16 \\ 4x_2 \leqslant 12 \\ 2x_1 + 3x_2 + d_1^- - d_1^+ = 12 \\ x_1 - x_2 + d_2^- - d_2^+ = 0 \\ 2x_1 + 2x_2 + d_3^- - d_3^+ = 12 \\ x_1 + 2x_2 + d_4^- - d_4^+ = 8 \\ x_1, x_2, d_i^+, d_i^- \geqslant 0 \quad (i = 1,2,3,4) \end{cases}$$

解 为了程序的可读性，我们将偏差变量分别记为

$$d_1^- = x_3, \quad d_1^+ = x_4$$
$$d_2^- = x_5, \quad d_2^+ = x_6$$
$$d_3^- = x_7, \quad d_3^+ = x_8$$
$$d_4^- = x_9, \quad d_4^+ = x_{10}$$

原问题的数学模型变为

$$\min z = P_1 x_3 + P_2(x_5 + x_6) + 3P_3(x_7 + x_8) + P_3 x_{10}$$

$$\begin{cases} 4x_1 \leqslant 16 \\ 4x_2 \leqslant 12 \\ 2x_1 + 3x_2 + x_3 - x_4 = 12 \\ x_1 - x_2 + x_5 - x_6 = 0 \\ 2x_1 + 2x_2 + x_7 - x_8 = 12 \\ x_1 + 2x_2 + x_9 - x_{10} = 8 \\ x_i \geqslant 0 \quad (i = 1,2,\cdots,10) \end{cases}$$

对应各个优先级分别设 $P_1 = 100$、$P_2 = 10$、$P_3 = 1$（对于某些特殊问题可适当加大各优先级级差），则目标函数变为

$$\min z = 100x_3 + 10(x_5 + x_6) + 3(x_7 + x_8) + x_{10}$$

这时可调用 linprog 函数来求解该问题，在命令窗口中输入如下代码：

```
>> c=[0;0;100;0;10;10;3;3;0;1];
>> A=[4 0 0 0 0 0 0 0 0 0
```

```
        0 4 0 0 0 0 0 0 0];
>> b=[16;12];
>> Aeq=[2 3 1 -1 0 0 0 0 0 0
        1 -1 0 0 1 -1 0 0 0 0
        2 2 0 0 0 0 1 -1 0 0
        1 2 0 0 0 0 0 0 1 -1];
>> beq=[12;0;12;8];
>> lb=zeros(10,1);
>> [x,fval]=linprog(c,A,b,Aeq,beq,lb)
```

命令窗口中输出：

```
Optimization terminated.
x =
   3.0000
   3.0000
   0.0000
   3.0000
   0.0000
   0.0000
   0.0000
   0.0000
   0.0000
   1.0000
fval =1.0000
```

由求解结果可知，$x_1 = 3$、$x_2 = 3$ 是该问题的满意解，此时 $d_1^- = 0$，$d_1^+ = 3$，$d_2^- = 0$，$d_2^+ = 0$，$d_3^- = 0$，$d_3^+ = 0$，$d_4^- = 0$，$d_4^+ = 1$，目标函数总偏差为 1。

此外，我们也可以利用 linprog 函数来实现求解目标规划问题的序贯式算法，计算过程与 6.2 节中用 Lingo 软件实现序贯式算法的计算过程类似，此处不再做详细介绍。为方便计算，读者也可编写程序间接调用 linprog 函数来实现序贯式算法。

例 6.4 某工厂需要采购某种生产原料，该原料市场上有 A 和 B 两种，单价分别为 2 元/kg 和 1.5 元/kg。现要求所花的总费用不超过 300 元，购得的原料总质量不少于 120 kg，其中 A 原料不得少于 60 kg，问如何确定最佳采购方案，可以实现花最少的钱采购最多数量的原料？

解 设 A、B 两种原料分别采购 x_1 kg、x_2 kg，则问题的数学模型为

$$\min f_1(x) = 2x_1 + 1.5x_2$$
$$\max f_2(x) = x_1 + x_2$$

$$
\text{s.t.} \begin{cases} x_1 + x_2 \geq 120 \\ 2x_1 + 1.5x_2 \leq 300 \\ x_1 \geq 60 \\ x_2 \geq 0 \end{cases}
$$

在这个问题中,我们看到前两个约束实际上就是对目标函数的目标约束,目标函数一个求极大值,一个求极小值,将其均转换为求极小值。根据约束中的目标约束,可以设置 goal 为[300,-120],每一个目标对应的权重系数记为 w_i $(i = 1, 2)$,再设 γ 为松弛因子。那么,该多目标规划问题就转化为

$$
\min \gamma
$$
$$
\text{s.t.} \begin{cases} 2x_1 + 1.5x_2 - \omega_1\gamma \leq 300 \\ -x_1 - x_2 - \omega_2\gamma \leq -120 \\ -x_1 - x_2 \leq -120 \\ 2x_1 + 1.5x_2 \leq 300 \\ x_1 \geq 60 \\ x_2 \geq 0 \end{cases}
$$

下面我们用 fgoalattain 函数来求解该问题。

(1)首先编写目标函数的 M 文件 myobjfun1.m 如下:

```
function f=myobjfun1(x)
f(1)=2*x(1)+1.5*x(2);
f(2)= -x(1)-x(2);
```

(2)调用 fgoalattain 函数求解,在命令窗口中输入以下代码:

```
x0=[0;0];
goal=[300;-120];
weight=abs(goal);        %权重选择为 goal 的绝对值
A=[-1 -1;2 1.5];
b=[-120;300];
lb=[60;0];
[x,fval,attainfactor] = fgoalattain(@myobjfun1,x0,goal,weight,A,b,[],[],lb,[])
```

计算结果如下:

```
x =
    60.0000
    82.5000
fval =
   243.7500 -142.5000
attainfactor =
```

```
-0.1875
```

由结果可知，该工厂可采购原材料 A、B 分别为 60kg、82.5kg，此时花费的总费用为 243.75 元，购得原材料总质量为 142.5kg，满足原问题的要求。参数 attainfactor 的值为负，说明已经溢出预期的目标函数值，满足原问题的要求。

例 6.5 某钢筋加工厂生产 A、B、C 三种产品以满足市场的需要，该厂每周生产的时间为 40h，且规定每周的能耗都不得超过 20t 标准煤，三种产品的相关数据如表 6-2 所示。现在的问题是，每周生产三种产品各多少小时，才能使得该厂的利润最多，而能源消耗最少？

表 6-2　三种产品的相关数据

产品	生产效率/(m/h)	利润/(元/m)	最大销量/(m/周)	能源消耗/(t/1000m)
A	20	500	700	24
B	25	400	800	26
C	15	600	500	28

解　设该厂每周生产三种产品 A、B、C 的小时数分别为 x_1、x_2、x_3，则该问题的第一个目标为利润最大化，即

$$\max f_1(x) = 500 \times 20 x_1 + 400 \times 25 x_2 + 600 \times 15 x_3$$

第二个目标为能源消耗最小，即

$$\min f_2(x) = \frac{24}{1000} \times 20 x_1 + \frac{26}{1000} \times 25 x_2 + \frac{28}{1000} \times 15 x_3$$

整理目标函数，并列出需要满足的约束条件，得到该问题的数学模型为

$$\max f_1(x) = 10000 x_1 + 10000 x_2 + 9000 x_3$$

$$\min f_2(x) = \frac{12}{25} x_1 + \frac{13}{20} x_2 + \frac{21}{50} x_3$$

$$\text{s.t.} \begin{cases} x_1 + x_2 + x_3 \leqslant 40 \\ \dfrac{12}{25} x_1 + \dfrac{13}{20} x_2 + \dfrac{21}{50} x_3 \leqslant 20 \\ 20 x_1 \leqslant 700 \\ 25 x_2 \leqslant 800 \\ 15 x_3 \leqslant 500 \\ x_1, x_2, x_3 \geqslant 0 \end{cases}$$

与例 6.4 类似，将目标函数均转换为求极小值，然后设定目标函数的期望值。约束条件 2 即函数 $f_2(x)$ 的目标约束，而对于函数 $f_1(x)$ 的目标约束，我们可以做一个简单的估计，不考虑第二个目标，在满足模型中约束条件的情况下，$f_1(x)$ 的最大值为 399782.6，所以取 $f_1(x)$ 的期望目标为 399782.6，这个值不一定能达到，希望在求解过程中可以尽量接近该数值，于是设置求解的初始点为 x0=[0;0;0]，期望目标 goal=[-399782.6;20]，权重为期望目标的绝对值。下面用 fgoalattain 函数来求解该问题。

（1）首先编写目标函数的 M 文件 myobjfun2.m 如下：

```
function f=myobjfun2(x)
f(1)=-10000*x(1)-10000*x(2)-9000*x(3);
f(2)=0.48*x(1)+0.65*x(2)+0.42*x(3);
```

（2）调用 fgoalattain 函数求解，在命令窗口中输入以下代码：

```
x0=[0;0;0];
goal=[-399782.6;20];
weight=abs(goal);
A=[1 1 1;0.48 0.65 0.42;20 0 0;0 25 0;0 0 15];
b=[40;20;700;800;500];
lb=[0;0;0];
[x,fval,attainfactor] = fgoalattain(@myobjfun2,x0,goal,weight,A,b,[],[],lb,[])
```

计算结果如下：

```
x =
    17.8548
     9.2553
    12.8899
fval =
    1.0e+05 *
    -3.8711    0.0002
attainfactor =
    0.0317
```

由计算结果可知，该工厂每周生产 A、B、C 三种产品的小时数分别为 17.8548h、9.2553h、12.8899h，此时该厂获得的利润为 387110 元，消耗的能源为 20t，符合题目要求。attainfactor 的值为正，说明目标函数还未达到期望值，因为实际上 $f_1(x)$ 的值并没有达到期望值 399782.6。

需要注意的是，在用 fgoalattain 函数求解多目标规划问题时，当 goal 和 weight 选择不同的数值时，问题的解有可能不同，对于具体的差异，读者可以在代码中进行修改和比较便可得出。

练　习

1. 电视机厂装配 25 寸和 21 寸两种彩电，每台电视机需装配时间 1h，每周装配线计划开动 40h，预计每周 25 寸彩电销售 24 台，每台可获利 80 元，每周 21 寸彩电销售 30 台，每台可获利 40 元。该厂的目标如下：

（1）充分利用装配线，避免开工不足；

（2）允许装配线加班，但尽量不超过 10h；

（3）尽量满足市场需求。

试就该厂的生产计划建立目标规划问题的数学模型，并用软件求解。

2. 某器械厂生产甲、乙两种仪器，甲仪器每件可获利 600 元，乙仪器每件可获利 400 元。生产过程中每件甲、乙仪器所需台时数分别为 2 个单位和 3 个单位，需劳动工时数分别为 4 个单位和 2 个单位。设厂方在计划期内可提供机器台时数 100 个单位，劳动工时数 120 个单位，如果劳动力不足可组织工人加班，厂领导制定了下列目标：

（1）计划期内利润达 18000 元；

（2）机器台时数充分利用；

（3）尽量减少加班的工时数；

（4）甲仪器产量达 22 件，乙仪器产量达 18 件。

试给出该多目标规划问题的数学模型，并用软件求解。

3. 友谊农场有 3 万亩农田欲种植玉米、大豆和小麦三种农作物，各种作物每亩需施化肥分别为 0.12t、0.20t、0.15t。预计秋后玉米每亩可收获 500kg，售价为 0.24 元/kg，大豆每亩可收获 200kg，售价为 1.20 元/kg，小麦每亩可收获 300kg，售价为 0.70 元/kg。农场年初规划时考虑如下几个方面。

第一优先级:年终收益不低于 350 万元；

第二优先级:总产量不低于 1.25 万 t；

第三优先级:小麦产量以 0.5 万 t 为宜；

第四优先级:大豆产量不少于 0.2 万 t；

第五优先级:玉米产量不超过 0.6 万 t；

第六优先级:农场现能提供 5000t 化肥；若不够。可在市场高价购买，但希望高价采购愈少愈好。

试就该农场的生产计划建立目标规划问题的数学模型，并用软件求解。

4. 某单位领导在考虑本单位职工的升级调资方案时，依次遵守以下规定：

（1）年工资总额不超过 60000 元；

（2）每级的人数不超过定编规定的人数；

（3）Ⅱ、Ⅲ级的升级面尽可能达到现有人数的 20%，且无越级提升；

（4）Ⅲ级不足编制的人数可录用新职工，Ⅰ级的职工中有 10%要退休。

该单位升级调资方案相关资料如表 6-3 所示，问该领导应如何拟订一个满意的方案？

表 6-3 该单位升级调资方案相关资料

等级	工资额/(元/年)	现有人数	编制人数
Ⅰ	2000	10	12
Ⅱ	1500	12	15
Ⅲ	1000	15	15
合计		37	42

试就该问题建立目标规划问题的数学模型，并用软件求解。

5. 某经济特区的发改委有一笔资金，在下一个计划期内可向钢铁、化工、石油等行业投资建新厂。这些工厂能否预期建成是有一定风险的，在建成投产后，其收入与投资额有关，经过分析研究，各工厂的建设方案的风险因子及投产后可增收入的百分比如表 6-4 所示。

表 6-4　各工厂的建设方案的风险因子及投产后可增收入的百分比

行　业	建设方案	风险因子 r_i	增加收入百分比 g_i
钢　铁	1	0.2	0.5
	2	0.2	0.5
	3	0.3	0.3
	4	0.3	0.4
化　工	5	0.4	0.6
	6	0.2	0.4
	7	0.5	0.6
石　油	8	0.7	0.5
	9	0.6	0.1
	10	0.4	0.6
	11	0.1	0.3

发改委根据该地区情况提出以下要求：用于钢铁的投资额不超过总资金的 35%；用于化工的投资额至少占总资金的 15%；用于石油的投资额不超过总资金的 50%。并且，首先要考虑总风险不超过 0.2；其次考虑总收入至少要增长 0.55%；最后考虑各项投资的总和不能超过总资金额，现在要确定对不同行业的各投资方案所占的比例。试就该问题建立目标规划问题的数学模型，并用软件求解。

第 7 章　动态规划实验

7.1　基础知识

动态规划是解决多阶段决策过程最优化问题的一种数学方法。20 世纪 50 年代初，美国数学家贝尔曼（Bellman）等人提出了解决多阶段决策问题的最优性原理，从而创建了解决最优化问题的一种新方法——动态规划。该方法将多阶段决策问题转换成一系列互相联系的单阶段问题，然后逐个解决。动态规划是现代管理中重要的决策方法，可以解决最优路径、资源分配、库存、生产过程优化和设备更新等许多实际问题。

1. 动态规划模型包含的要素

（1）阶段：把所给定问题的过程，恰当地分为若干个相互联系的阶段，以便能按一定的次序求解。阶段的划分，一般是按照时间或空间的自然特征来划分的，将问题的过程转化为多阶段决策过程。

（2）状态：表示每个阶段开始所处的自然状况或客观条件，它描述了研究问题过程的状况。状态是某阶段做出决策的出发点和依据，且有无后效性。

（3）决策：表示当过程处于某一阶段的某个状态时，可以做出不同的决定，从而确定下一阶段的状态。

（4）策略：是按一定顺序排列的决策组成的集合。

（5）状态转移方程：是确定过程由一个状态到另一个状态的演变过程。

（6）指标函数和最优值函数：用来衡量所实现过程优劣的一种数量指标为指标函数；指标函数的最优值为最优值函数。

2. 动态规划问题的求解方法

设初始状态为 s_1，并假定最优值函数 $f_k(s_k)$ 表示第 k 阶段的初始状态 s_k 到第 n 阶段所得到的最大效益。

从 n 阶段开始，则有

$$f_n(s_n) = \max_{x_n \in D_n(s_n)} v_n(s_n, x_n)$$

式中，$D_n(s_n)$ 是由状态 s_n 所确定的第 n 阶段的允许决策集合，v_n 为阶段指标函数。解此一维极值问题，就可以得到最优解 $x_n = x_n(s_n)$ 和最优值 $f_n(s_n)$，若 $D_n(s_n)$ 只有一个决策，则 $x_n \in D_n(s_n)$ 应写成 $x_n = x_n(s_n)$。

在第 $n-1$ 阶段，有

$$f_{n-1}(s_{n-1}) = \max_{x_{n-1} \in D_{n-1}(s_{n-1})} [v_{n-1}(s_{n-1}, x_{n-1}) f_n(s_n)]$$

式中，$s_n = T_{n-1}(s_{n-1}, x_{n-1})$。解此一维极值问题，得到最优解 $x_{n-1} = x_{n-1}(s_{n-1})$ 和最优值 $f_{n-1}(s_{n-1})$。

在第 k 阶段，有

$$f_k(s_k) = \max_{x_k \in D_k(s_k)} [v_k(s_k, x_k) f_{k+1}(s_{k+1})]$$

式中，$s_{k+1} = T_k(s_k, x_k)$。解得最优解 $x_k = x_k(s_k)$ 和最优值 $f_k(s_k)$。

依次类推，一直到第 1 阶段，有

$$f_1(s_1) = \max_{x_1 \in D_1(s_1)} [v_1(s_1, x_1) f_2(s_2)]$$

式中，$s_2 = T_1(s_1, x_1)$。解得最优解 $x_1 = x_1(s_1)$ 和最优值 $f_1(s_1)$。

由于初始状态 s_1 已知，故 $x_1 = x_1(s_1)$ 和 $f_1(s_1)$ 是确定的，从而 $s_2 = T_1(s_1, x_1)$ 也就可以确定，于是 $x_2 = x_2(s_2)$ 和 $f_2(s_2)$ 也就确定了。这样，按照与上述递推过程相反的顺序推算下去，就可逐步确定出每个阶段的决策和效益。

7.2　使用 Lingo 软件求解动态规划问题

7.2.1　实验目的

（1）熟悉使用 Lingo 软件求解最短路径问题、背包问题和生产与储存问题。

（2）通过使用 Lingo 软件求解动态规划问题，进一步熟悉 Lingo 软件的基本命令及语法。

7.2.2　实验内容

例 7.1　（最短路径问题）网络图如图 7-1 所示，求由起点 A 到讫点 E 的最短路径。

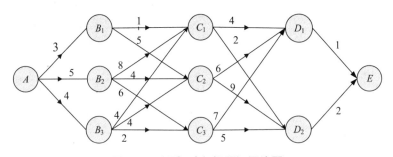

图 7-1　（最短路径问题）网络图

利用 Lingo 软件求解的步骤如下所示。

（1）打开 Lingo 软件，在编辑窗口中输入下列代码：

```
MODEL:
```

```
SETS:
    NODE/1..10/:F;
        ROADS(NODE,NODE)/
            1,2 1,3 1,4
            2,5 2,6
            3,5 3,6 3,7
            4,5 4,6 4,7
            5,8 5,9
            6,8 6,9
            7,8 7,9
            8,10
            9,10/:D;
ENDSETS
DATA:
    D=
      3 5 4
      1 5
      8 4 6
      4 4 2
      4 2
      6 9
      7 5
      1
      2;
ENDDATA
F(@SIZE(NODE))=0;
@FOR(NODE(i)|i#LT#@SIZE(NODE):F(i)=@MIN(ROADS(i,j):D(i,j)+F(j)));
END
```

（2）单击"LINGO"菜单中的"Solve"选项或单击工具栏中的◙按钮，求解该模型，得到下列结果。

```
 Feasible solution found.
    Total solver iterations:                    0
    Elapsed runtime seconds:                 0.03

    Model Class:                              . . .
```

```
Total variables:              0
Nonlinear variables:          0
Integer variables:            0

Total constraints:            0
Nonlinear constraints:         0

Total nonzeros:               0
Nonlinear nonzeros:            0
```

Variable	Value
F(1)	8.000000
F(2)	5.000000
F(3)	11.00000
F(4)	8.000000
F(5)	4.000000
F(6)	7.000000
F(7)	7.000000
F(8)	1.000000
F(9)	2.000000
F(10)	0.000000
D(1, 2)	3.000000
D(1, 3)	5.000000
D(1, 4)	4.000000
D(2, 5)	1.000000
D(2, 6)	5.000000
D(3, 5)	8.000000
D(3, 6)	4.000000
D(3, 7)	6.000000
D(4, 5)	4.000000
D(4, 6)	4.000000
D(4, 7)	2.000000

D(5, 8)	4.000000
D(5, 9)	2.000000
D(6, 8)	6.000000
D(6, 9)	9.000000
D(7, 8)	7.000000
D(7, 9)	5.000000
D(8, 10)	1.000000
D(9, 10)	2.000000

Row	Slack or Surplus
1	0.000000
2	0.000000
3	0.000000
4	0.000000
5	0.000000
6	0.000000
7	0.000000
8	0.000000
9	0.000000
10	0.000000

从运算结果可知，在图 7-1 中，起点 A 到讫点 E 的最短路径长度为 8。模型结果中的 F(1)，F(2)，…，F(10)表示各点到讫点 E 的最短距离。

例 7.2 （背包问题）有一个人带一个背包送货，其可携带货物质量的限度为 20kg。现有 A、B、C 三种货物可供他选择装入背包中，每种货物的质量分别为 3kg、4kg、6kg，每种货物的价值为 40 元、50 元、70 元。此人应如何选择携带货物，可以使总价值最大？

假设 A、B、C 三种货物装入背包中的数量为 x_1、x_2、x_3，则该问题的数学模型可以表示为

$$\max z = 40x_1 + 50x_2 + 70x_3$$

$$\text{s.t.} \begin{cases} 3x_1 + 4x_2 + 6x_3 \leqslant 20 \\ x_1 \geqslant 0, x_2 \geqslant 0, x_3 \geqslant 0 \text{ 且为整数} \end{cases}$$

利用 Lingo 软件求解的步骤如下所示。

（1）在 Lingo 软件编辑窗口中输入下列代码：

```
sets:
   goods/A,B,C/:c,w,x;
endsets
```

```
data:
    c=3 4 6;
    b=20;
    w=40 50 70;
enddata

max=@sum(goods:w*x);
    @sum(goods:c*x)<= b;
@for(goods:@gin(x));
```

（2）单击"LINGO"菜单中的"Solve"选项或单击工具栏中的◙按钮，求解该模型，得到下列结果。

```
Global optimal solution found.
    Objective value:                    260.0000
    Objective bound:                    260.0000
    Infeasibilities:                    0.000000
    Extended solver steps:                     0
    Total solver iterations:                   0
    Elapsed runtime seconds:                0.06

    Model Class:                            PILP

    Total variables:              3
    Nonlinear variables:          0
    Integer variables:            3

    Total constraints:            2
    Nonlinear constraints:        0

    Total nonzeros:               6
    Nonlinear nonzeros:           0


                          Variable          Value      Reduced Cost
                                 B       20.00000          0.000000
                              C( A)       3.000000          0.000000
                              C( B)       4.000000          0.000000
```

C(C)	6.000000	0.000000	
W(A)	40.00000	0.000000	
W(B)	50.00000	0.000000	
W(C)	70.00000	0.000000	
X(A)	4.000000	-40.00000	
X(B)	2.000000	-50.00000	
X(C)	0.000000	-70.00000	

Row	Slack or Surplus	Dual Price
1	260.0000	1.000000
2	0.000000	0.000000

由运行结果可知，A、B、C 三种货物装入背包的数量分别为 4、2 和 0，最大价值为 260 元。

例 7.3 （生产与储存问题）某工厂要对一种产品制订下一年四个季度的生产计划，据估计，在下一年中，各季度市场对于该产品的需求量和每个季度生产单位产品的成本如表 7-1 所示。每个季度生产能力所允许的最大生产批量不超过 6 个单位；每个季度末未售出的产品，每单位需付库存费 0.5 万元。假定第一季度的初始库存量为 0，第四季度末库存量为 0。试问：该厂应如何安排各个季度的生产与储存，才能在满足市场需要的条件下，使总成本最小？

表 7-1　各季度市场对于该产品的需求量和每个季度生产单位产品的成本

季度	一	二	三	四
需求量	2	3	2	4
单位生产成本/万元	2	3	4	3

假设该产品在每个季度的生产量为 x_i、库存量为 s_i、市场需求量为 d_i、单位生产成本为 c_i、单位产品的库存费为 e，则该问题的数学模型为

$$\min z = \sum_{i=1}^{n} (c_i x_i + e s_i) \quad (i=1,2,\cdots,n)$$

$$\text{s.t.} \begin{cases} s_0 = 0 \\ s_1 = x_1 - d_1 \geqslant 0 \\ s_2 = x_1 - d_1 + x_2 - d_2 \geqslant 0 \\ s_3 = x_1 - d_1 + x_2 - d_2 + x_3 - d_3 \geqslant 0 \\ s_4 = x_1 - d_1 + x_2 - d_2 + x_3 - d_3 + x_4 - d_4 = 0 \\ x_1 \geqslant 0, x_2 \geqslant 0, x_3 \geqslant 0, x_4 \geqslant 0 \text{ 且为整数} \end{cases}$$

利用 Lingo 软件求解的步骤如下所示。

（1）在 Lingo 软件编辑窗口中输入下列代码：

```
Model:
```

```
sets:
    quarter/1..4/:c,x,e,d,s;
endsets
data:
    d=2 3 2 4;
    c= 2 3 4 3;
    e=0.5 0.5 0.5 0.5;
    a=6;
enddata
  min = @sum(quarter:c*x+e*s);
  @for(quarter(i)|i#lt#4:s(i+1)=s(i)+x(i)-d(i));
  s(1)=0;
  s(4)+x(4)-d(4)=0;
  @for(quarter:x<=a);
End
```

（2）单击"LINGO"菜单中的"Solve"选项或单击工具栏中的 按钮，求解该模型，得到下列结果。

```
Global optimal solution found.
Objective value:                          30.00000
Infeasibilities:                          0.000000
Total solver iterations:                         2
Elapsed runtime seconds:                      0.58


Model Class:                                    LP


Total variables:                 7
Nonlinear variables:             0
Integer variables:               0


Total constraints:               9
Nonlinear constraints:           0


Total nonzeros:                 21
Nonlinear nonzeros:              0
```

Variable	Value	Reduced Cost
A	6.000000	0.000000
C(1)	2.000000	0.000000
C(2)	3.000000	0.000000
C(3)	4.000000	0.000000
C(4)	3.000000	0.000000
X(1)	6.000000	0.000000
X(2)	1.000000	0.000000
X(3)	0.000000	0.5000000
X(4)	4.000000	0.000000
E(1)	0.5000000	0.000000
E(2)	0.5000000	0.000000
E(3)	0.5000000	0.000000
E(4)	0.5000000	0.000000
D(1)	2.000000	0.000000
D(2)	3.000000	0.000000
D(3)	2.000000	0.000000
D(4)	4.000000	0.000000
S(1)	0.000000	0.000000
S(2)	4.000000	0.000000
S(3)	2.000000	0.000000
S(4)	0.000000	1.000000

Row	Slack or Surplus	Dual Price
1	30.00000	-1.000000
2	0.000000	2.500000
3	0.000000	3.000000
4	0.000000	3.500000
5	0.000000	2.000000
6	0.000000	-3.000000
7	0.000000	0.5000000
8	5.000000	0.000000
9	6.000000	0.000000
10	2.000000	0.000000

由运行结果可知，该工厂在下一年的四个季度依次生产 6 个单位、1 个单位、0 个单位和 4 个单位的产品，库存量依次为 0 个单位、4 个单位、2 个单位和 0 个单位。最小总成本为 30 万元。

7.3 利用 WinQSB 软件求解动态规划问题

用 WinQSB 软件求解动态规划问题时调用"Dynamic Programming"模块，该模块中有三个子块，能求解最短路径问题、背包问题和生产与储存问题，其他动态规划问题可以转化成上面三类问题进行求解。WinQSB 软件求解动态规划问题是基于表格建模方式的，可以展示求解步骤。

7.3.1 实验目的

（1）熟悉使用 WinQSB 软件求解最短路径问题、背包问题和生产与储存问题的求解方法与步骤。

（2）熟悉使用 WinQSB 软件求解设备更新问题的方法。

（3）通过使用 WinQSB 软件求解动态规划问题，进一步理解动态规划问题的理论知识。

7.3.2 实验内容

例 7.4 利用 WinQSB 软件求解例 7.1。

（1）选择"开始"→"程序"→"WinQSB"→"Dynamic Programming"→"File"→"New Problem"菜单命令，生成对话框，选择求解问题类型（见图 7-2），单击"OK"按钮。

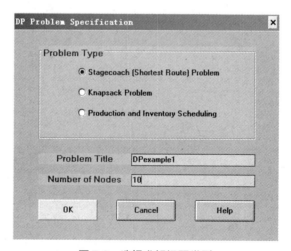

图 7-2 选择求解问题类型

（2）选择"Edit"→"Node Names"菜单命令，弹出对话框（见图 7-3），更改节点名，再单击"OK"按钮，得到图 7-4 所示的数据输入窗口，输入节点间距离。

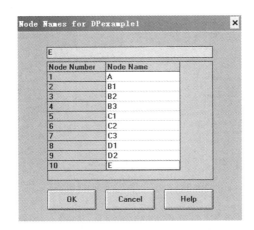

图 7-3　更改节点名对话框

From \ To	A	B1	B2	B3	C1	C2	C3	D1	D2	E
A		3	5	4						
B1					1	5				
B2					8	4	6			
B3					4	4	2			
C1								4	2	
C2								6	9	
C3								7	5	
D1										1
D2										2
E										

图 7-4　数据输入窗口

（3）选择"Solve and Analyze"→"Solve the Problem"菜单命令，弹出对话框（见图 7-5），选择起点和讫点。

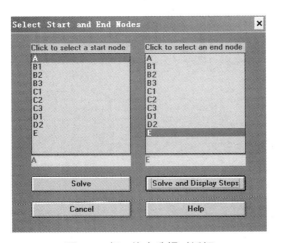

图 7-5　起、讫点选择对话框

（4）单击图 7-5 所示对话框中的"Solve"按钮，得到模型结果（见图 7-6）。

10-27-2013 Stage	From Input State	To Output State	Distance	Cumulative Distance	Distance to E
1	A	B1	3	3	8
2	B1	C1	1	4	5
3	C1	D2	2	6	4
4	D2	E	2	8	2
	From A	To E	Min. Distance	= 8	CPU = 0.00

图 7-6　模型结果

由图 7-6 可知，起点 A 到讫点 E 的最短路径为 $A \to B_1 \to C_1 \to D_2 \to E$，最短距离为 8。

例 7.5　某单位计划购买一台设备在今后 4 年内使用。可以在第 1 年年初购买该设备，连续使用四年，也可以在任何一年年末将设备卖掉，于下年年初更换新设备。表 7-2 所示为各年年初购置新设备的价格，表 7-3 所示为设备的维护费及卖掉旧设备的回收费。如何确定设备的更新策略，可以使 4 年内的总费用最少？

表 7-2　各年年初购置新设备的价格

年份	第 1 年	第 2 年	第 3 年	第 4 年
年初购置价格	2.5	2.6	2.8	3.1

表 7-3　设备的维护费及卖掉旧设备的回收费

设备役龄/年	0～1	1～2	2～3	3～4
年维护费	0.3	0.5	0.8	1.2
年末处理回收费	2.0	1.6	1.3	1.1

设 v_i 为第 i 年年初购置一台设备的情况，v_5 表示第四年年底，从 v_i 到 $v_{i+1}, \cdots, v_5$ 各画一条弧（见图 7-7）。弧（v_i, v_j）表示在第 i 年年初购置的设备一直使用到第 j 年年初，即第 $j-1$ 年年底。每条弧的权重可按照表 7-2 和表 7-3 给出的数据计算出来，如 w_{25} 是第 2 年年初购置的一台新设备的费用 2.6，加上一直使用到第 4 年年初的维修费用 0.3+0.5=0.8，再减去第 3 年年末卖掉该设备所得 1.3，共计 2.1。可将所有弧的权重计算出来，如表 7-4 所示。由以上假设可将问题转化成求最短路径问题。

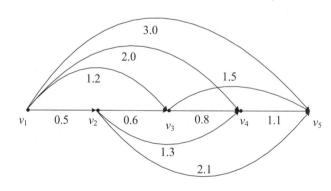

图 7-7　权重的弧线

表 7-4　所有弧的权重

	v_1	v_2	v_3	v_4	v_5
v_1	0	0.5	1.2	2.0	3.0
v_2		0	0.6	1.3	2.1
v_3			0	0.8	1.5
v_4				0	1.1
v_5					0

（1）选择"开始"→"程序"→"WinQSB"→"Dynamic Programming"→"File"→"New Problem"菜单命令，生成对话框（见图 7-8），选择求解问题的类型。

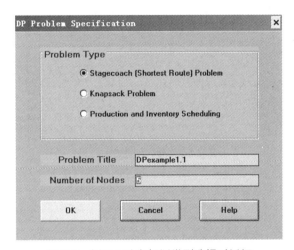

图 7-8　例 7.5 动态规划类型选择对话框

（2）单击图 7-8 所示的"OK"按钮，输入节点间弧的权重（见图 7-9）。

From \ To	v1	v2	v3	v4	v5
v1	0	0.5	1.2	2.0	3.0
v2		0	0.6	1.3	2.1
v3			0	0.8	1.5
v4				0	1.1
v5					0

图 7-9　输入权重数据

（3）选择"Solve and Analyze"→"Solve the Problem"菜单命令，弹出对话框（见图 7-10），选择起点和讫点。

（4）单击图 7-10 所示的"Solve"按钮，得到例 7.5 的模型结果（见图 7-11）。

由图 7-11 所示的结果可知，第 1 年年初购置新设备后在第 1 年年末将设备卖掉，在第 2 年年初再买进新设备一直用到第 4 年年末将其卖掉。在这种设备更新方案下，4 年内的总费用最少，最少费用为 2.6。

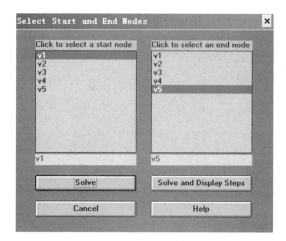

图 7-10 例 7.5 的起、讫点选择对话框

11-16-2013 Stage	From Input State	To Output State	Distance	Cumulative Distance	Distance to v5
1	v1	v2	0.50	0.50	2.60
2	v2	v5	2.10	2.60	2.10
	From v1	To v5	Min. Distance	= 2.60	CPU = 0

图 7-11 例 7.5 的模型结果

例 7.6 利用 WinQSB 软件求解例 7.2。

（1）选择"开始"→"程序"→"WinQSB"→"Dynamic Programming"→"File"→"New Problem"菜单命令，生成对话框（见图 7-12），选择求解问题的类型，单击"OK"按钮。

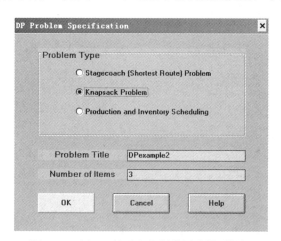

图 7-12 例 7.6 的动态规划类型选择对话框

（2）在 WinQSB 软件的编辑窗口中输入模型（见图 7-13）。

（3）选择"Solve and Analyze"→"Solve the Problem"菜单命令求解，得到例 7.6 的模型结果（见图 7-14）。

Item (Stage)	Item Identification	Units Available	Unit Capacity Required	Return Function (X: Item ID) (e.g., 50X, 3X+100, 2.15X^2+5)
1	A	M	3	40A
2	B	M	4	50B
3	C	M	6	70C
Knapsack	Capacity =	20		

图 7-13　例 7.6 的数据编辑窗口

10-27-2013 Stage	Item Name	Decision Quantity (X)	Return Function	Total Item Return Value	Capacity Left
1	A	4	40A	160	8
2	B	2	50B	100	0
3	C	0	70C	0	0
	Total	Return	Value =	260	CPU = 0

图 7-14　例 7.6 的模型结果

由模型结果可知，A、B、C 三种货物装入背包的数量分别为 4、2 和 0，最大价值为 260 元。

例 7.7　（生产与储存问题）某工厂要对一种产品制订下一年四个季度的生产计划，据估计，在下一年中，各季度市场对于该产品的需求量如表 7-5 所示。假设该厂生产每批产品的固定成本为 3 万元，若不生产则为 0；每单位产品成本为 1 万元，每个季度生产能力所允许的最大生产批量不超过 6 个单位；每个季度末未售出的产品，每单位需付库存费 0.5 万元。还假定第一季度的初始库存量为 0，第四季度末库存量为 0。试问：该厂应如何安排各季度的生产与储存，才能在满足市场需要的条件下使总成本最小？

表 7-5　各季度市场对于该产品的需求量

季度	一	二	三	四
需求量	2	3	2	4

（1）选择"开始"→"程序"→"WinQSB"→"Dynamic Programming"→"File"→"New Problem"菜单命令，生成对话框（见图 7-15），选择求解问题的类型，单击"OK"按钮。

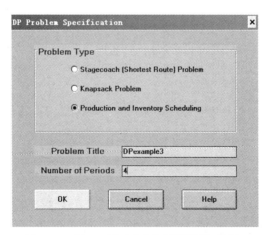

图 7-15　例 7.7 的动态规划类型选择对话框

（2）在 WinQSB 软件的编辑窗口中输入模型（见图 7-16）。

Period (Stage)	Period Identification	Demand	Production Capacity	Storage Capacity	Production Setup Cost	Variable Cost Function (P,H,B: Variables) (e.g., 5P+2H+10B, 3(P-5)^2+100H)
1	第一季度	2	6	M	3	P+0.5H
2	第二季度	3	6	M	3	P+0.5H
3	第三季度	2	6	M	3	P+0.5H
4	第四季度	4	6	M	3	P+0.5H
Initial	Inventory =	0				

图 7-16　例 7.7 的数据输入窗口

（3）选择 "Solve and Analyze" → "Solve the Problem" 菜单命令求解，得到例 7.7 的模型结果（见图 7-17）。

10-27-2013 Stage	Period Description	Net Demand	Starting Inventory	Production Quantity	Ending Inventory	Setup Cost	Variable Cost Function (P,H,B)	Variable Cost	Total Cost
1	第一季度	2	0	5	3	￥3.00	P+0.5H	￥6.50	￥9.50
2	第二季度	3	3	0	0	0	P+0.5H	0	0
3	第三季度	2	0	6	4	￥3.00	P+0.5H	￥8.00	￥11.00
4	第四季度	4	4	0	0	0	P+0.5H	0	0
Total		11	7	11	7	￥6.00		￥14.50	￥20.50

图 7-17　例 7.7 的模型结果

由模型结果可知，该厂在下一年的四个季度依次生产 5 个单位、0 个单位、6 个单位和 0 个单位的产品，库存量依次为 3 个单位、0 个单位、4 个单位和 0 个单位，最小总成本为 20.5 万元。

7.4　使用 MATLAB 软件求解动态规划问题

对于动态规划问题，MATLAB 软件优化工具箱没有提供求解的函数，因此需要依据相关的算法自行编写程序，进行动态规划问题的求解。本节利用 Floyd 算法求解动态规划问题中的最短路径问题；用逆序算法求解背包问题和生产与储存问题。

7.4.1　实验目的

（1）熟悉使用 MATLAB 软件求解最短路径问题、背包问题和生产与储存问题的基本命令和 M 文件的编写。

（2）通过使用 MATLAB 软件求解动态规划问题，进一步理解动态规划问题的理论知识。

7.4.2　实验内容

例 7.8　用 MATLAB 软件求解例 7.1。

（1）打开 MATLAB 软件，创建一个新的 ".m" 文件，在编辑窗口中输入下列代码：

```
function [D,path]=DPexample1()
```

```
    a=[0,3,5,4,inf,inf,inf,inf,inf,inf;
      inf,0,inf,inf,1,5,inf,inf,inf,inf;
      inf,inf,0,inf,8,4,6,inf,inf,inf;
      inf,inf,inf,0,4,4,2,inf,inf,inf;
      inf,inf,inf,inf,0,inf,inf,4,2,inf;
      inf,inf,inf,inf,inf,0,inf,6,9,inf;
      inf,inf,inf,inf,inf,inf,0,7,5,inf;
      inf,inf,inf,inf,inf,inf,inf,0,inf,1;
      inf,inf,inf,inf,inf,inf,inf,inf,0,2;
      inf,inf,inf,inf,inf,inf,inf,inf,inf,0];
    A=1;E=10;
    n=size(a,1);
    D=a;
    path=zeros(n,n);
for i=1:n
  for j=1:n
    if D(i,j)~=inf
        path(i,j)=j;
    end
  end
end
for k=1:n
  for i=1:n
    for j=1:n
      if  D(i,k)+D(k,j)<D(i,j )
        D(i,j)=D(i,k)+D(k,j);
        path(i,j)=path(i,k);
      end
    end
  end
end
i=0;
k=1;
r(k)=A;
p=path(A,E);
```

```
while(i==0)
  if p~=E
     k=k+1;r(k)=p;
     p=path(p,E);
  else
     r(k+1)=E;
     i=1;
  end
end
m=size(r);
short_path=r
short_path_length=D(1,10)
```

（2）选择"Debug"→"Run DPexample1.m"菜单命令或单击工具栏中的 ▷ 按钮，运行程序，得到下面的结果。

```
short_path =

    1    2    5    9   10


short_path_length =

    8


ans =

   0    3    5    4    4    8    6    8    6    8
  Inf   0  Inf  Inf   1    5  Inf   5    3    5
  Inf  Inf   0  Inf   8    4    6   10   10   11
  Inf  Inf  Inf   0    4    4    2    8    6    8
  Inf  Inf  Inf  Inf   0  Inf  Inf   4    2    4
  Inf  Inf  Inf  Inf  Inf   0  Inf   6    9    7
  Inf  Inf  Inf  Inf  Inf  Inf   0    7    5    7
  Inf  Inf  Inf  Inf  Inf  Inf  Inf   0  Inf   1
```

```
Inf   Inf   Inf   Inf   Inf   Inf   Inf   Inf   0   2
Inf   Inf   Inf   Inf   Inf   Inf   Inf   Inf   Inf   0
```

由上面的运行结果可知，起点 A 到讫点 E 的最短路径为 $A{\to}B_1{\to}C_1{\to}D_2{\to}E$，最短距离为 8。

例 7.9 用 MATLAB 软件求解例 7.2。

（1）创建两个新的 ".m" 文件，在编辑窗口中分别输入下列两个函数代码：

```
function z=DPexample2()
global c w x f
c=[40 50 70]; w=[3 4 6]; a=20; n=size(c,2);
x=zeros(a,n) ;f=zeros(20,n);
k=n; s=a; f=f-1;x=x-1;
max_valve=KnapSack(k,s);
x; f;r=-1*ones(1,3);
px=size(x,1);qx=size(x,2);pf=size(f,1);qf=size(f,2);
for i=pf:-1:1
    for j=qf:-1:1
        if f(i,j)==max_valve
            r(j)=x(i,j);
        end
    end
end
h=a;t=0;
while t==0
    for i=1:qf
      if r(i)>=0
          h=h-r(i)*w(i);
          u(i)=r(i);
      end
    end
    for i=1:qf
      if r(i)<0
          u(i)=h/w(i);
          h=h-u(i)*w(i);
      end
    end
    if h==0
```

```
            t=1;
      end
  end
max_valve
opt_solution=u

function y=KnapSack(k,s)
global c w x f
num=floor(s/w(k));
B=zeros(num+1);
  if k==1
  B(1:num+1)=c(k)*[0:num];
  else
    for i=num+1:-1:1
        B(i)=c(k)*(i-1)+KnapSack(k-1,s-w(k)*(i-1));
    end
  end
temp=B(1);
flagx=0;
for i=2:num+1
    if temp<B(i)
        temp=B(i);
        flagx=i-1;
    end
end
f(s+1,k)=temp;
x(s+1,k)=flagx;
y=temp;
end
```

（2）选择"Debug"→"Run DPexample2.m"菜单命令或单击工具栏中的 ▶ 按钮，运行程序，得到下面的结果。

```
max_valve =

    260


opt_solution =
```

4	2	0

由运行结果可知，A、B、C 三种货物装入背包的数量分别为 4、2 和 0，最大价值为 260 元。

例 7.10 用 MATLAB 软件求解例 7.3。

（1）创建四个新的 ".m" 文件，在编辑窗口中分别输入下列四个函数代码：

```
function [x,fval]=DPexample3()
x1=0:4;
s=nan*ones(5,1);s(1)=0;
x=[s x1' x1' x1'];
[x,fval]=dynprog(x,'DecisFun','SubObjFun','TransFun');

function u=DecisFun(k,x)
d=[2 3 2 4];m=6;
if k==4
u=d(k)-x;
else
u=max(0,d(k)-x):m;
end

function f=SubObjFun(k,x,u)
d=[2 3 2 4];
c=[2 3 4 3];
if u==0
f=0.5*(x+u-d(k));
else if u>6
f=10^6;
else
f=c(k)*u+0.5*(x+u-d(k));
end
end

function s=TransFun(k,x,u)
d=[2 3 2 4];
s=x+u-d(k);

function[p_opt,fval]=dynprog(x,DecisFun,SubObjFun,TransFun,ObjFun)
```

```
k=length(x(1,:));
x_isnan=~isnan(x);
t_vubm=inf*ones(size(x));
f_opt=nan*ones(size(x));
d_opt=f_opt;
tmp1=find(x_isnan(:,k));
tmp2=length(tmp1);
for i=1:tmp2
u=feval(DecisFun,k,x(tmp1(i),k));
tmp3=length(u);
for j=1:tmp3
tmp=feval(SubObjFun,k,x(tmp1(i),k),u(j));
if tmp<=t_vubm(i,k)
f_opt(tmp1(i),k)=tmp;
d_opt(tmp1(i),k)=u(j);
t_vubm(i,k)=tmp;
end
end
end
for ii=k-1:-1:1
tmp10=find(x_isnan(:,ii));tmp20=length(tmp10);
for i=1:tmp20
u=feval(DecisFun,ii,x(tmp10(i),ii));
tmp30=length(u);
for j=1:tmp30
tmp00=feval(SubObjFun,ii,x(tmp10(i),ii),u(j));
tmp40=feval(TransFun,ii,x(tmp10(i),ii),u(j));
tmp50=x(:,ii+1)-tmp40;
tmp60=find(tmp50==0);
if ~isempty(tmp60)
if nargin<5
tmp00=tmp00+f_opt(tmp60(1),ii+1);
else
tmp00=feval(ObjFun,tmp00,f_opt(tmp60(1),ii+1));
end
if tmp00<=t_vubm(i,ii)
f_opt(tmp10(i),ii)=tmp00;d_opt(i,ii)=u(j);
```

```
t_vubm(tmp10(i),ii)=tmp00;
end
end
end
end
end
fval=f_opt(find(x_isnan(:,1)),1);
p_opt=[];tmpx=[];tmpd=[];tmpf=[];
tmp0=find(x_isnan(:,1));tmp01=length(tmp0);
for i=1:tmp01
tmpd(i)=d_opt(tmp0(i),1);
tmpx(i)=x(tmp0(i),1);
tmpf(i)=feval(SubObjFun,1,tmpx(i),tmpd(i));
p_opt(k*(i-1)+1,[1 2 3 4])=[1,tmpx(i),tmpd(i),tmpf(i)];
for ii=2:k
tmpx(i)=feval(TransFun,ii-1,tmpx(i),tmpd(i));
tmp1=x(:,ii)-tmpx(i);tmp2=find(tmp1==0);
if ~isempty(tmp2)
tmpd(i)=d_opt(tmp2(1),ii);
end
tmpf(i)=feval(SubObjFun,ii,tmpx(i),tmpd(i));
p_opt(k*(i-1)+ii,[1 2 3 4])=[ii,tmpx(i),tmpd(i),tmpf(i)];
end
end
```

（2）选择"Debug"→"Run DPexample3.m"菜单命令或单击工具栏中的 ▷ 按钮，运行程序，得到下面的结果。

```
ans =

    1    0    6   14
    2    4    1    4
    3    2    0    0
    4    0    4   12


fval =

   30
```

由运行结果可知，该工厂在下一年的四个季度依次生产 6 个单位、1 个单位、0 个单位和 4 个单位的产品，库存量依次为 0 个单位、4 个单位、2 个单位和 0 个单位，最小总成本为 30 万元。

练 习

1. 点 A 到点 G 的线路网络图如图 7-18 所示，给定一个线路网络，两点之间连线上的数字表示两点间的距离，试求一条从点 A 到点 G 的铺管线路，使总距离最短。

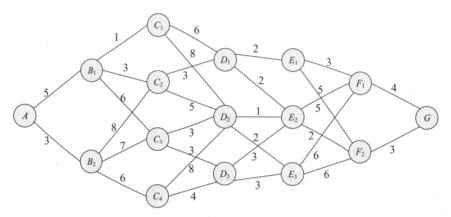

图 7-18 点 A 到点 G 的线路网络图

2. 求图 7-19 所示的点 A 到点 F 的最短路径和最短距离。

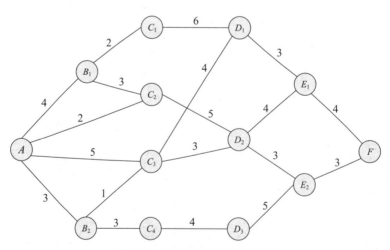

图 7-19 点 A 到点 F 的网络图

3. 设某企业在今后 4 年内需使用一辆卡车。现有一辆使用两年的旧车，根据统计资料分析，预计卡车的年收益、年维修费（包括油料费）、一次更新购置费及 4 年后残值如表 7-6 所示，试求 4

年中的最优更新计划，使总利润最大。

表 7-6 卡车的年收益、年维修费（包括油料费）、一次更新购置费及 4 年后残值

年	0	1	2	3	4	5	6
年收益	16	14	11	8	5	2	
年维修费	1	2	2	3	4	4	
一次更新购置费		18	21	25	29	34	
4 年后残值		15	12	8	3	0	0

4．某工厂与购货单位签订的供货合同如表 7-7 所示。该厂每月最大产量为 4 百件，仓库的存货能力为 3 百件。已知每一百件货物的生产费用为 1 万元。在生产月份，每批产品的生产准备费为 4 千元，仓库保管费为每一百件货物每月 1 千元。假定 1 月开始时及 6 月底交货后仓库中都无存货。问该厂应该如何安排每月的生产与储存，才能既满足供货合同的要求，又使总费用最小？

表 7-7 某工厂与购货单位签订的供货合同

月份	1	2	3	4	5	6
月交货量/百件	1	2	5	3	2	1

5．某工厂生产甲、乙、丙 3 种产品，各种产品的质量与利润如表 7-8 所示。现将此 3 种产品运往市场销售，运输总质量不超过 6t。问如何安排运输可以使总利润最大化？

表 7-8 各种产品的质量与利润

产品	质量/(t/单位)	利润/(万元/单位)
甲	2	80
乙	4	180
丙	3	130

6．某公司拟将 500 万元的资本投入所属的甲、乙、丙三个工厂进行技术改造，各工厂获得投资后年利润将有相应的增长，三个工厂的投资额与增长额如表 7-9 所示。试确定 500 万元资本的分配方案，以使公司总的年利润增长额最大。

表 7-9 三个工厂的投资额与增长额　　　　　　　　　　　　　单位：万元

投资额	100	200	300	400	500
甲增长额	30	70	90	120	130
乙增长额	50	100	110	110	110
丙增长额	40	60	110	120	120

7．某厂有 1000 台完好机器，每台机器全年在高负荷下运行可创利 8 千元，在低负荷下运行可创利 5 千元。机器在高、低负荷下运行一年的折损率分别为 0.7 和 0.9。试拟定一个五年计划使总利润最大。

第8章 图与网络分析实验

8.1 基础知识

图与网络分析作为运筹学的分支，应用范围广泛。其理论已成为研究经济管理、计算机科学、通信理论、自动控制、系统控制和军事科学等领域相关问题的重要数学手段。

图论起源于 1736 年瑞士著名数学家欧拉（Euler）解决的哥尼斯堡七桥问题。图是对于实际问题的数学抽象，由一些点及连接这些点的边所组成。图与网络分析这一分支通过研究图与网络的性质，结合优化知识，解决设计与管理中的实际问题。

8.1.1 图的基本概念

无向图：如果图 G 是由点和边（两点之间的不带箭头的连线）所构成的，则称为无向图。

有向图：如果图 G 是由点和弧（两点之间用箭头表示方向的连线）所构成的，则称为有向图。

简单图：无环（边 e 的两个端点相重）、无多重边（两点之间的边多于一条）的图称为简单图。

链：图 G 中一个以点和边交替的序列 $\{v_{i_1}, e_{i_1}, v_{i_2}, e_{i_2}, \cdots, e_{i_{k-1}}, v_{i_k}\}$，若满足 $e_{i_t} = (v_{i_t}, v_{i_{t+1}}), (t = 1, 2, \cdots, k-1)$，则称之为 G 中一条连接点 v_{i_1} 和点 v_{i_k} 的链；若点 v_{i_1} 与点 v_{i_k} 相同，则称为圈。

连通图：图 G 中任意两点之间至少有一条链，则称为连通图。

回路：图 G 中的一条链，对 $t = 1, 2, \cdots, k-1$，均有弧 $a_{i_t} = (v_{i_t}, v_{i_{t+1}})$，则称之为从点 v_{i_1} 到点 v_{i_k} 的一条路；若点 v_{i_1} 与点 v_{i_k} 相同，则称为回路；若回路中的各点都不相同，则称为初等路。

支撑子图：给定一个图 $G=(V, E)$，如果图 $G'=(V', E')$，使 $V = V'$ 及 $E' \subseteq E$，则称图 G' 是图 G 的一个支撑子图。

树：无圈的连通图称为树；树的各条边称为树枝。

支撑树：图 $T=(V, E')$ 是图 $G=(V, E)$ 的支撑子图，如果图 $T=(V, E')$ 同时是树图，则称图 T 是图 G 的一个支撑树。

8.1.2 最小支撑树问题及求解方法

最小支撑树：树枝权重总和最小的支撑树，称为最小支撑树。

最小支撑树的求解方法有以下两种。

（1）破圈法：在赋权连通图 G 中任选一个圈，从圈中去掉一条权重最大的边，在余下的图中重复上述过程，直到图中没有圈为止。

（2）避圈法（Kruskal 算法）：在赋权连通图 G 中选择一条权重最小的边，之后从剩余的边中再选择权重最小的边，要求所选的边与已选的边不构成圈，重复上述步骤，直到选不出这样的边为止。

8.1.3 最短路径问题及求解方法

1. 最短路径问题

给定一个赋权有向图 $D=(V, A)$，$w(a)=w_{ij}$ 为弧 $a=(v_i, v_j)$ 的权重，设 P 是图 D 中从点 v_s 到点 v_t 的一条路，定义路 P 的权重 $w(P)$ 为路 P 中所有弧的权重之和。则最短路径问题是指从点 v_s 到点 v_t 的所有路中，找一条权重最小的路，即 $w(P_0) = \min_P w(P)$，称 P_0 为从点 v_s 到点 v_t 的最短路径。

2. 最短路径问题的求解方法（Dijkstra 算法）

设 d_{ij} 为相邻两点 v_i 与 v_j 的距离（权），若点 v_i 与点 v_j 不相邻，令 $d_{ij}=\infty$。用 L_{si} 表示从点 v_s 到点 v_i 的最短距离，则从点 v_s 到点 v_t 的最短距离的求解步骤如下：

（1）将 $L_{ss}=0$ 标注在点 v_s 旁，表示点 v_s 已标号；

（2）从点 v_s 出发，找出与点 v_s 相邻的点中距离最小的一个点 v_r，将 $L_{sr}=L_{ss}+d_{sr}$ 的值标注在点 v_r 旁，表明点 v_r 已标号；

（3）从已标号的点出发，找出与这些点相邻的所有未标号点 v_p。若有 $L_{sp}=\min\{L_{ss}+d_{sp}; L_{sr}+d_{rp}\}$，将 L_{sp} 的值标注在点 v_p 旁；

（4）重复步骤（3），直到点 v_t 被标号为止。

8.1.4 网络最大流问题及求解方法

1. 网络最大流问题

已知一个赋权有向图 $D=(V, A)$ 在 V 中指定一个发点 v_s 和一个收点 v_t，其他点为中间点。对于图 D 中每一条弧 $a=(v_i, v_j)$ 都有一个权 $c_{ij} \geqslant 0$，称为弧的容量，图 D 也称为网络，记为 $D=(V, A, C)$；在弧集合上的一个函数 $f=\{f(v_i, v_j)\}$ 称为网络 D 上的流，其中 $f(v_i, v_j)$ 表示 (v_i, v_j) 上的流量，简记 f_{ij}。

若 $D=(V, A, C)$ 中从点 v_s 到点 v_t 的各条弧上的流量 $f=\{f_{ij}\}$ 满足以下条件：

（1）容量限制条件为 $0 \leqslant f_{ij} \leqslant c_{ij}$；

（2）平衡条件为

$$\sum_{(v_i, v_j) \in A} f_{ij} - \sum_{(v_j, v_i) \in A} f_{ji} = \begin{cases} v(f) & (i=s) \\ -v(f) & (i \neq s \text{ 或 } t) \\ 0 & (i=t) \end{cases}$$

则称 f 为可行流，$v(f)$ 为可行流的流量。

网络最大流问题指的是在给定网络 D 上找出流量 $v(f)$ 为最大的一个可行流。

2. 网络最大流问题的求解方法（Ford-Fulkerson 算法）

（1）首先给点 v_s 标上 $(0, +\infty)$，这时点 v_s 是标号而未检查的点，其余都是未标号点。通常取一个标号而未检查的点 v_i，对所有未标号的点 v_j：①若在弧 (v_i, v_j) 上有 $f_{ij} < c_{ij}$，则给点 v_j 标号 $(v_i, l(v_j))$；②若在弧 (v_i, v_j) 上有 $f_{ji} > 0$，则给点 v_j 标号 $(-v_i, l(v_j))$，其中 $l(v_j) = \min\{l(v_i), f_{ji}\}$，这时点 v_j 成为标号而未检查的点。于是点 v_i 成为标号且已检查过的点。重复上述步骤，当点 v_t 被标号，表明得到一条从点 v_s 到点 v_t 的增广链 μ，转入第（2）步调整过程。

若所有标号都是已检查过的，而标号过程进行不下去，则算法结束，这时的可行流是最大流。

（2）按点 v_t 及其第一个标号，用反向追踪的方法，找出增广链 μ。令调整量 θ 是 $l(v_t)$，即点 v_t 的第二个标号。

$$
令\ f'_{ij} = \begin{cases} f_{ij} + \theta & ((v_i, v_j) \in \mu^+) \\ f_{ij} - \theta & ((v_i, v_j) \in \mu^-) \\ f_{ij} & ((v_i, v_j) \notin \mu) \end{cases}
$$

去掉所有的标号，对新的可行流 $f' = \{f'_{ij}\}$ 开始重新标号。

8.1.5 最小费用最大流问题及求解方法

1. 最小费用最大流问题

给定网络 $D = (V, A, C)$，已知每一条弧 $(v_i, v_j) \in A$ 的容量 c_{ij} 和单位流量费用 b_{ij}，寻找一个最大流 f，使流的总输送费用最小。

2. 最小费用最大流问题的求解方法

（1）从可行流 $f^{(0)} = 0$ 开始，通常在第 $k-1$ 步得到最小费用流 $f^{(k-1)}$。

（2）构造赋权有向图 $w(f^{(k-1)})$，定义权为

$$
w_{ij} = \begin{cases} b_{ij} & (f_{ij}^{(k-1)} < 0) \\ +\infty & (f_{ij}^{(k-1)} = 0) \end{cases}
$$

$$
w_{ji} = \begin{cases} -b_{ij} & (f_{ij}^{(k-1)} > 0) \\ +\infty & (f_{ij}^{(k-1)} = 0) \end{cases}
$$

在 $w(f^{(k-1)})$ 中寻求从点 v_s 到点 v_t 的最短路径。

（3）若不存在最短路径，则 $f^{(k-1)}$ 为最小费用最大流；若存在最短路径，则在原网络 D 中得到相应的增广链 μ。

（4）在增广链 μ 上对 $f^{(k-1)}$ 做流量调整，令调整量为

$$
\theta = \min\{\min_{\mu^+}[c_{ij} - f_{ij}^{(k-1)}], \min_{\mu^-} f_{ij}^{(k-1)}\}
$$

令

$$f_{ij}^{(k)} = \begin{cases} f_{ij}^{(k-1)} + \theta & ((v_i, v_j) \in \mu^+) \\ f_{ij}^{(k-1)} - \theta & ((v_i, v_j) \in \mu^-) \\ f_{ij}^{(k-1)} & ((v_i, v_j) \notin \mu) \end{cases}$$

可得新的可行流 $f^{(k)}$，再对 $f^{(k)}$ 进行步骤（2）的操作。

8.1.6　旅行商问题及求解方法

1. 旅行商问题

一个旅行商想去走访若干城市，然后回到他的出发地。给定各城市之间的距离后，如何计划他的路线，可以使他对每个城市恰好都走访一次，且总的出行距离最短呢？

旅行商问题是从给定的赋权图中找出一个最小权（Hamilton 圈）的问题。Hamilton 圈指的是包含图 G 的每个顶点的圈。

2. 旅行商问题的求解方法

旅行商问题可以写成如下的整数规划问题：

$$\min z = \sum_{i \neq j} d_{ij} x_{ij}$$

$$\text{s.t.} \begin{cases} \sum_{j \neq i} x_{ij} = 1, & i \in V \\ \sum_{i \neq j} x_{ij} = 1, & j \in V \\ \sum_{i,j \in S} x_{ij} \leqslant |S| - 1, & S \subseteq V, \ 1 < |S| < n \\ x_{ij} = 0 \text{或} 1, & i, j \in V \end{cases}$$

式中，$V = \{1, 2, \cdots, n\}$ 为赋权图 G 的顶点集；d_{ij} 为顶点 i 和 j 的距离；$|S|$ 为子集 S 中包含的图 G 的顶点数。决策变量为

$$x_{ij} = \begin{cases} 1, & \text{边} (i, j) \text{在最优路线上} \\ 0, & \text{否则} \end{cases}$$

满足上述线性规划问题的约束条件的解构成了一个 Hamilton 圈，故最优解是最小权 Hamilton 圈。

8.2　使用 Lingo 软件求解图与网络分析问题

8.2.1　实验目的

（1）熟悉使用 Lingo 软件求解最小支撑树、最小费用最大流和旅行商问题的方法。

（2）通过使用 Lingo 软件进行图与网络分析，进一步熟悉 Lingo 软件的基本命令及语法。

8.2.2 实验内容

例 8.1 用 Lingo 软件求解图 8-1 所示网络图的最小支撑树。

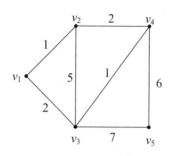

图 8-1 网络图

（1）打开 Lingo 软件，在编辑窗口中输入下列代码：

```
model:
 sets:
  node/1..5/:v;
  edge(node,node):d,x;
 endsets
 data:
  d=0 1 2 99999 99999
   1 0 5 2 99999
   2 5 0 1 7
   99999 2 1 0 6
   99999 99999 7 6 0;
 enddata
 N=@size(node);
 min=@sum(edge:d*x);
 @for(node(k)|k#gt#1:
  @sum(node(i)|i#ne#k:x(i,k))=1;
  @for(node(j)|j#gt#1#and#j#ne#k:
   v(j)>=v(k)+x(k,j)-(n-2)*(1-x(k,j))+(n-3)*x(j,k);););
 @sum(node(j)|j#gt#1:x(1,j))>=1;
 @for(edge:@bin(x););
 @for(node(k)|k#gt#1:
  @bnd(1,v(k),99999);
```

```
        v(k)<=n-1-(n-2)*x(1,k););
  end
```

（2）单击"LINGO"菜单中的"Solve"选项或单击工具栏中的 ▣ 按钮，求解该模型，得到下面的结果。

```
Global optimal solution found.
  Objective value:                       10.00000
  Objective bound:                       10.00000
  Infeasibilities:                       0.000000
  Extended solver steps:                        0
  Total solver iterations:                     12
  Elapsed runtime seconds:                   0.06

  Model Class:                               MILP

  Total variables:              30
  Nonlinear variables:           0
  Integer variables:            25

  Total constraints:            22
  Nonlinear constraints:         0

  Total nonzeros:               96
  Nonlinear nonzeros:            0


              Variable          Value        Reduced Cost
                     N       5.000000            0.000000
                  V( 1)      1.234568            0.000000
                  V( 2)      1.000000            0.000000
                  V( 3)      3.000000            0.000000
                  V( 4)      2.000000            0.000000
                  V( 5)      3.000000            0.000000
               D( 1, 1)      0.000000            0.000000
               D( 1, 2)      1.000000            0.000000
```

D(1, 3)	2.000000	0.000000
D(1, 4)	99999.00	0.000000
D(1, 5)	99999.00	0.000000
D(2, 1)	1.000000	0.000000
D(2, 2)	0.000000	0.000000
D(2, 3)	5.000000	0.000000
D(2, 4)	2.000000	0.000000
D(2, 5)	99999.00	0.000000
D(3, 1)	2.000000	0.000000
D(3, 2)	5.000000	0.000000
D(3, 3)	0.000000	0.000000
D(3, 4)	1.000000	0.000000
D(3, 5)	7.000000	0.000000
D(4, 1)	99999.00	0.000000
D(4, 2)	2.000000	0.000000
D(4, 3)	1.000000	0.000000
D(4, 4)	0.000000	0.000000
D(4, 5)	6.000000	0.000000
D(5, 1)	99999.00	0.000000
D(5, 2)	99999.00	0.000000
D(5, 3)	7.000000	0.000000
D(5, 4)	6.000000	0.000000
D(5, 5)	0.000000	0.000000
X(1, 1)	1.000000	0.000000
X(1, 2)	1.000000	1.000000
X(1, 3)	0.000000	2.000000
X(1, 4)	0.000000	99999.00
X(1, 5)	0.000000	99999.00
X(2, 1)	0.000000	1.000000
X(2, 2)	0.000000	0.000000
X(2, 3)	0.000000	5.000000
X(2, 4)	1.000000	2.000000
X(2, 5)	0.000000	99999.00
X(3, 1)	0.000000	2.000000
X(3, 2)	0.000000	5.000000

X(3, 3)	0.000000	0.000000
X(3, 4)	0.000000	1.000000
X(3, 5)	0.000000	7.000000
X(4, 1)	0.000000	99999.00
X(4, 2)	0.000000	2.000000
X(4, 3)	1.000000	1.000000
X(4, 4)	0.000000	0.000000
X(4, 5)	1.000000	6.000000
X(5, 1)	0.000000	99999.00
X(5, 2)	0.000000	99999.00
X(5, 3)	0.000000	7.000000
X(5, 4)	0.000000	6.000000
X(5, 5)	0.000000	0.000000

Row	Slack or Surplus	Dual Price
1	0.000000	0.000000
2	10.00000	-1.000000
3	0.000000	0.000000
4	5.000000	0.000000
5	0.000000	0.000000
6	5.000000	0.000000
7	0.000000	0.000000
8	1.000000	0.000000
9	0.000000	0.000000
10	3.000000	0.000000
11	0.000000	0.000000
12	0.000000	0.000000
13	0.000000	0.000000
14	0.000000	0.000000
15	0.000000	0.000000
16	1.000000	0.000000
17	3.000000	0.000000
18	0.000000	0.000000
19	0.000000	0.000000
20	0.000000	0.000000

21	1.000000	0.000000
22	2.000000	0.000000
23	1.000000	0.000000

由求解结果可知，最小支撑树由边 (v_1,v_2)、(v_2,v_4)、(v_4,v_3)、(v_4,v_5) 组成，最小支撑树的总长为 10。该问题中有 30 个变量，而最优解中只有其中的 4 个变量取非零值。从求解结果中寻找非零值较困难。我们可以选择"LINGO"→"Solution"菜单命令弹出对话框，在"Attribute(s) or Row Name(s)"下拉列表中选择变量 X，勾选"Nonzero Vars and Binding Rows Only"复选框，然后单击"OK"按钮，则解报告中只显示非零值最优解，如下所示。

```
Global optimal solution found.
Objective value:                    10.00000
Objective bound:                    10.00000
Infeasibilities:                    0.000000
Extended solver steps:                     0
Total solver iterations:                  12
Elapsed runtime seconds:                0.20


              Variable        Value      Reduced Cost
              X( 1, 1)     1.000000          0.000000
              X( 1, 2)     1.000000          1.000000
              X( 2, 4)     1.000000          2.000000
              X( 4, 3)     1.000000          1.000000
              X( 4, 5)     1.000000          6.000000
```

例 8.2　用 Lingo 软件求图 8-2 所示的从点 s 到点 t 的最小费用最大流。

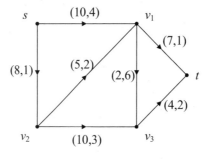

图 8-2　例 8.2 的网络图

（1）在编辑窗口中输入下列代码：

```
model:
```

```
sets:
  node/s,v1,v2,v3,t/:d;
  edge(node,node)/s,v1 s,v2 v1,v3 v1,t v2,v1 v2,v3 v3,t/:b,c,f;
endsets
data:
  d=11 0 0 0 -11;
  b=4 1 6 1 2 3 2;
  c=10 8 2 7 5 10 4;
enddata
min=@sum(edge:b*f);
@for(node(i)|i#ne#1#and#i#ne#@size(node):
  @sum(edge(i,j):f(i,j))-@sum(edge(j,i):f(j,i))=d(i));
@sum(edge(i,j)|i#eq#1:f(i,j))=d(1);
@for(edge:@bnd(0,f,c));
end
```

（2）单击"LINGO"菜单中的"Solve"选项或单击工具栏中的 ◙ 按钮，求解该模型，得到下面的结果。

```
Global optimal solution found.
Objective value:                    55.00000
Infeasibilities:                    0.000000
Total solver iterations:                   3
Elapsed runtime seconds:                0.17

Model Class:                              LP

Total variables:              7
Nonlinear variables:          0
Integer variables:            0

Total constraints:            5
Nonlinear constraints:        0

Total nonzeros:              19
Nonlinear nonzeros:           0
```

Variable	Value	Reduced Cost
D(S)	11.00000	0.000000
D(V1)	0.000000	0.000000
D(V2)	0.000000	0.000000
D(V3)	0.000000	0.000000
D(T)	-11.00000	0.000000
B(S, V1)	4.000000	0.000000
B(S, V2)	1.000000	0.000000
B(V1, V3)	6.000000	0.000000
B(V1, T)	1.000000	0.000000
B(V2, V1)	2.000000	0.000000
B(V2, V3)	3.000000	0.000000
B(V3, T)	2.000000	0.000000
C(S, V1)	10.00000	0.000000
C(S, V2)	8.000000	0.000000
C(V1, V3)	2.000000	0.000000
C(V1, T)	7.000000	0.000000
C(V2, V1)	5.000000	0.000000
C(V2, V3)	10.00000	0.000000
C(V3, T)	4.000000	0.000000
F(S, V1)	3.000000	0.000000
F(S, V2)	8.000000	-1.000000
F(V1, V3)	0.000000	5.000000
F(V1, T)	7.000000	-2.000000
F(V2, V1)	4.000000	0.000000
F(V2, V3)	4.000000	0.000000
F(V3, T)	4.000000	0.000000

Row	Slack or Surplus	Dual Price
1	55.00000	-1.000000
2	0.000000	-3.000000
3	0.000000	-5.000000
4	0.000000	-2.000000
5	0.000000	-7.000000

由求解结果可知，(s, v_1) 的流量为 3，(s, v_2) 的流量为 8，(v_1, v_3) 的流量为 0，(v_1, t) 的流量为 7，

(v_2, v_1) 的流量为 4，(v_2, v_3) 的流量为 4，(v_3, t) 的流量为 4。最小费用为 55。

例 8.3 （旅行商问题）一位游客从 A 城市出发，去往 B、C、D 和 E 四个城市旅游，最后返回 A 城市，各城市之间的距离如表 8-1 所示。问该游客如何安排出游路线可以使总行程最短？

表 8-1　各城市之间的距离　　　　　　　　　　　　　　　　　单位：km

城市	A	B	C	D	E
A		13	51	77	68
B	13		60	70	67
C	51	60		57	36
D	77	70	57		20
E	68	67	36	20	

（1）在编辑窗口中输入下列代码：

```
model:
 sets:
   city/A,B,C,D,E/:c;
   line(city,city):d,x;
 endsets
 data:
   d=0 13 51 77 68
     13 0 60 70 67
     51 60 0 57 36
     77 70 57 0 20
     68 67 36 20 0;
 enddata
 n=@size(city);
 min=@sum(line:d*x);
 @for(city(k):
   @sum(city(i)|i#ne#k:x(i,k))=1;
   @sum(city(j)|j#ne#k:x(k,j))=1;);
 @for(line(i,j)|i#gt#1#and#j#gt#1#and#i#ne#j:
   c(i)-c(j)+n*x(i,j)<=n-1);
 @for(line:@bin(x));
end
```

（2）单击"LINGO"菜单中的"Solve"选项或单击工具栏中的 按钮，求解该模型，得到下面的结果。

```
Global optimal solution found.
 Objective value:                          190.0000
 Objective bound:                          190.0000
 Infeasibilities:                          0.000000
 Extended solver steps:                           0
 Total solver iterations:                        82
 Elapsed runtime seconds:                      3.42

 Model Class:                                  MILP


 Total variables:             30
 Nonlinear variables:          0
 Integer variables:           25


 Total constraints:           23
 Nonlinear constraints:        0


 Total nonzeros:              96
 Nonlinear nonzeros:           0


                       Variable        Value      Reduced Cost
                              N      5.000000        0.000000
                           C( A)     1.234568        0.000000
                           C( B)     0.000000        0.000000
                           C( C)     4.000000        0.000000
                           C( D)     2.000000        0.000000
                           C( E)     3.000000        0.000000
                         D( A, A)    0.000000        0.000000
                         D( A, B)    13.00000        0.000000
                         D( A, C)    51.00000        0.000000
                         D( A, D)    77.00000        0.000000
                         D( A, E)    68.00000        0.000000
                         D( B, A)    13.00000        0.000000
                         D( B, B)    0.000000        0.000000
                         D( B, C)    60.00000        0.000000
```

D(B, D)	70.00000	0.000000
D(B, E)	67.00000	0.000000
D(C, A)	51.00000	0.000000
D(C, B)	60.00000	0.000000
D(C, C)	0.000000	0.000000
D(C, D)	57.00000	0.000000
D(C, E)	36.00000	0.000000
D(D, A)	77.00000	0.000000
D(D, B)	70.00000	0.000000
D(D, C)	57.00000	0.000000
D(D, D)	0.000000	0.000000
D(D, E)	20.00000	0.000000
D(E, A)	68.00000	0.000000
D(E, B)	67.00000	0.000000
D(E, C)	36.00000	0.000000
D(E, D)	20.00000	0.000000
D(E, E)	0.000000	0.000000
X(A, A)	1.000000	0.000000
X(A, B)	1.000000	13.00000
X(A, C)	0.000000	51.00000
X(A, D)	0.000000	77.00000
X(A, E)	0.000000	68.00000
X(B, A)	0.000000	13.00000
X(B, B)	0.000000	0.000000
X(B, C)	0.000000	60.00000
X(B, D)	1.000000	70.00000
X(B, E)	0.000000	67.00000
X(C, A)	1.000000	51.00000
X(C, B)	0.000000	60.00000
X(C, C)	0.000000	0.000000
X(C, D)	0.000000	57.00000
X(C, E)	0.000000	36.00000
X(D, A)	0.000000	77.00000
X(D, B)	0.000000	70.00000
X(D, C)	0.000000	57.00000

```
                           X( D, D)        0.000000              0.000000
                           X( D, E)        1.000000             20.00000
                           X( E, A)        0.000000             68.00000
                           X( E, B)        0.000000             67.00000
                           X( E, C)        1.000000             36.00000
                           X( E, D)        0.000000             20.00000
                           X( E, E)        0.000000              0.000000


                    Row     Slack or Surplus          Dual Price
                      1          0.000000              0.000000
                      2        190.0000               -1.000000
                      3          0.000000              0.000000
                      4          0.000000              0.000000
                      5          0.000000              0.000000
                      6          0.000000              0.000000
                      7          0.000000              0.000000
                      8          0.000000              0.000000
                      9          0.000000              0.000000
                     10          0.000000              0.000000
                     11          0.000000              0.000000
                     12          0.000000              0.000000
                     13          8.000000              0.000000
                     14          1.000000              0.000000
                     15          7.000000              0.000000
                     16          0.000000              0.000000
                     17          2.000000              0.000000
                     18          3.000000              0.000000
                     19          2.000000              0.000000
                     20          6.000000              0.000000
                     21          0.000000              0.000000
                     22          1.000000              0.000000
                     23          0.000000              0.000000
                     24          3.000000              0.000000
```

（3）选择"LINGO"→"Solution"菜单命令，弹出对话框，在"Attribute(s) or Row Name(s)"下拉列表中选择变量 X，勾选"Nonzero Vars and Binding Rows Only"复选框，然后单击"OK"按

钮，显示非零值解，如下所示。

```
Global optimal solution found.
 Objective value:                          190.0000
 Objective bound:                          190.0000
 Infeasibilities:                          0.000000
 Extended solver steps:                           0
 Total solver iterations:                        82
 Elapsed runtime seconds:                      0.03


                        Variable        Value     Reduced Cost
                        X( A, A)     1.000000         0.000000
                        X( A, B)     1.000000         13.00000
                        X( B, D)     1.000000         70.00000
                        X( C, A)     1.000000         51.00000
                        X( D, E)     1.000000         20.00000
                        X( E, C)     1.000000         36.00000
```

由求解结果可知，该游客出游的最短路线为 A→B→D→E→C→A，总行程为 190km。

8.3　使用 WinQSB 软件求解图与网络分析问题

用 WinQSB 软件求解图与网络分析问题时，需要调用"Network Modeling"模块，该模块中有七个子块，能求解网络流问题、运输问题、分配问题、最短路径问题、最大流问题、最小支撑树问题和旅行商问题。WinQSB 软件基于表格建模方式求解网络模型，且可以在图上显示求解结果（图形解）。

8.3.1　实验目的

（1）熟悉使用 WinQSB 软件求解最小支撑树问题、最短路径问题、网络最大流问题和旅行商问题的方法。

（2）通过使用 WinQSB 软件求解图与网络分析问题，进一步理解该问题的理论知识。

8.3.2　实验内容

例 8.4　用 WinQSB 软件求解图 8-3 所示网络图的最小支撑树。

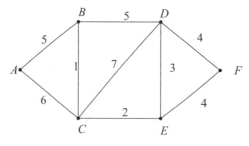

图 8-3　例 8.4 的网络图

（1）选择"开始"→"程序"→"WinQSB"→"Network Modeling"→"File"→"New Problem"菜单命令，生成对话框（见图 8-4 ），选择问题的类型，单击"OK"按钮。

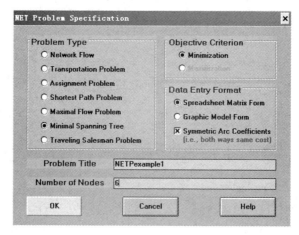

图 8-4　例 8.4 的问题类型选择对话框

（2）选择"Edit"→"Node Names"菜单命令，弹出对话框（见图 8-5），更改节点名，单击"OK"按钮，输入节点间权重（见图 8-6）。

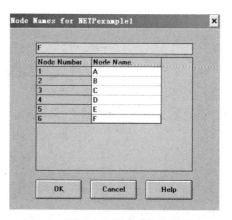

图 8-5　例 8.4 的更改节点名对话框

From \ To	A	B	C	D	E	F
A		5	6			
B			1	5		
C				7	2	
D					3	4
E						4
F						

图 8-6　输入例 8.4 的节点间权重

（3）选择"Solve and Analyze"→"Solve the Problem"菜单命令，得到例 8.4 的结果（见图 8-7）。

06-29-2023	From Node	Connect To	Distance/Cost		From Node	Connect To	Distance/Cost
1	A	B	5	4	C	E	2
2	B	C	1	5	D	F	4
3	D	E	3				
	Total	Minimal	Connected	Distance	or Cost	=	15

图 8-7　例 8.4 的结果

（4）选择"Results"→"Graphic Solution"菜单命令，得到例 8.4 的最小支撑树的网络图（见图 8-8）。

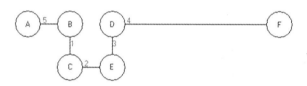

图 8-8　例 8.4 的最小支撑树的网络图

由求解结果可知，最小支撑树由边(A,B)，(B,C)，(C,E)，(D,E)，(D,F)组成，最小支撑树的总长为 15。

例 8.5　用 WinQSB 软件求解图 8-9 所示的从点 v_1 到点 v_9 的最短路径。

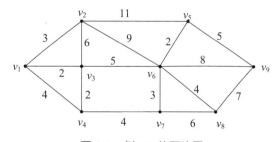

图 8-9　例 8.5 的网络图

（1）选择"开始"→"程序"→"WinQSB"→"Network Modeling"→"File"→"New Problem"菜单命令，生成对话框（见图 8-10），选择问题的类型，单击"OK"按钮。

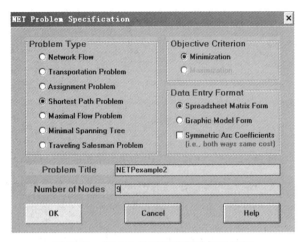

图 8-10　例 8.5 的问题类型选择对话框

（2）选择"Edit"→"Node Names"菜单命令，弹出对话框（见图 8-11），更改节点名，单击"OK"按钮，输入例 8.5 的各节点之间的距离（见图 8-12）。

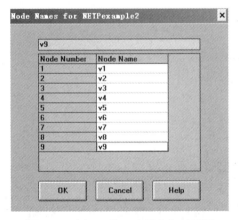

图 8-11　例 8.5 的更改节点名对话框

From \ To	v1	v2	v3	v4	v5	v6	v7	v8	v9
v1		3	2	4					
v2	3		6		11	9			
v3	2	6		2		5			
v4	4		2				4		
v5		11				2			5
v6		9	5		2		3	4	8
v7				4		3		6	
v8						4	6		7
v9					5	8		7	

图 8-12　输入例 8.5 的各节点之间的距离

（3）选择"Solve and Analyze"→"Solve the Problem"菜单命令，弹出对话框（见图 8-13），选择求解最短距离的起、讫点。

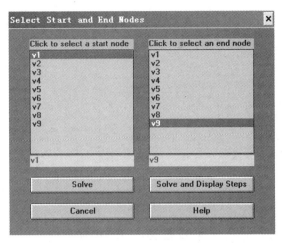

图 8-13　例 8.5 的起、讫点选择对话框

（4）单击图 8-13 所示的 "Solve" 按钮，得到例 8.5 的结果（见图 8-14）。

10-31-2013	From	To	Distance/Cost	Cumulative Distance/Cost
1	v1	v3	2	2
2	v3	v6	5	7
3	v6	v5	2	9
4	v5	v9	5	14
	From v1	To v9	=	14
	From v1	To v2	=	3
	From v1	To v3	=	2
	From v1	To v4	=	4
	From v1	To v5	=	9
	From v1	To v6	=	7
	From v1	To v7	=	8
	From v1	To v8	=	11

图 8-14　例 8.5 的结果

（5）选择 "Results" → "Graphic Solution" 菜单命令，显示点 v_1 到各点的最短路径的网络图（见图 8-15）。

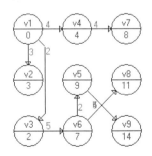

图 8-15　点 v_1 到各点的最短路径的网络图

由求解结果可知，点 v_1 到点 v_9 的最短路径为 $v_1{\rightarrow}v_3{\rightarrow}v_6{\rightarrow}v_5{\rightarrow}v_9$，最短距离是 14。

例 8.6 用 WinQSB 软件求解图 8-16 所示的网络最大流。

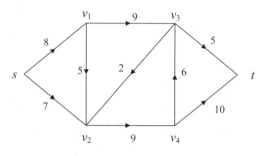

图 8-16　例 8.6 的网络图

（1）选择"开始"→"程序"→"WinQSB"→"Network Modeling"→"File"→"New Problem"
菜单命令，生成对话框（见图 8-17），选择问题的类型，输入问题的标题和节点数，单击"OK"
按钮。

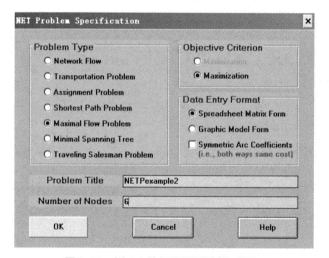

图 8-17　例 8.6 的问题类型选择对话框

（2）选择"Edit"→"Node Names"菜单命令，弹出对话框（见图 8-18），更改节点名，单击
"OK"按钮，输入各边容量（见图 8-19）。

（3）选择"Solve and Analyze"→"Solve the Problem"菜单命令，弹出对话框（见图 8-20），选
择出发点和终点。

（4）单击图 8-20 所示的"Solve"按钮，得到例 8.6 的模型结果（见图 8-21）。

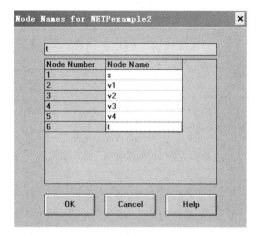

图 8-18　例 8.6 的更改节点名对话框

From \ To	s	v1	v2	v3	v4	t
s		8	7			
v1			5	9		
v2					9	
v3			2			5
v4				6		10
t						

图 8-19　输入各边容量

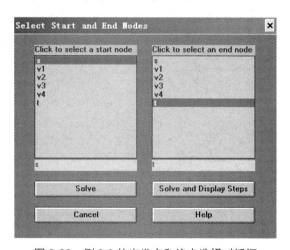

图 8-20　例 8.6 的出发点和终点选择对话框

10-27-2013	From	To	Net Flow		From	To	Net Flow
1	s	v1	7	5	v2	v4	9
2	s	v2	7	6	v3	t	5
3	v1	v2	2	7	v4	t	9
4	v1	v3	5				
Total	Net Flow	From	s	To	t	=	14

图 8-21　例 8.6 的模型结果

（5）选择"Results"→"Graphic Solution"菜单命令，显示点 s 到点 t 的最大流量（见图 8-22）。

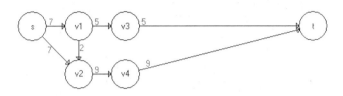

图 8-22　点 s 到点 t 的最大流量

由求解结果可知，(s, v_1) 的流量为 7，(s, v_2) 的流量为 7，(v_1, v_2) 的流量为 2，(v_1, v_3) 的流量为 5，(v_2, v_4) 的流量为 9，(v_3, t) 的流量为 5，(v_4, t) 的流量为 9，最大流量为 14。

例 8.7　用 WinQSB 软件求解例 8.3 的旅行商问题。

（1）选择"开始"→"程序"→"WinQSB"→"Network Modeling"→"File"→"New Problem"菜单命令，生成对话框（见图 8-23），选择问题的类型，输入问题的标题和城市个数，单击"OK"按钮。

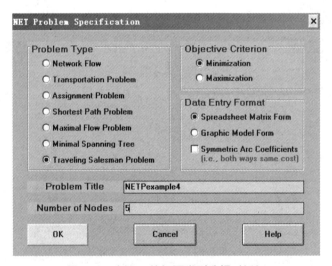

图 8-23　例 8.7 的问题类型选择对话框

（2）选择"Edit"→"Node Names"菜单命令，弹出对话框（见图 8-24），更改节点名，单击"OK"按钮，输入各城市之间的距离（见图 8-25）。

（3）选择"Solve and Analyze"→"Solve the Problem"菜单命令，弹出对话框（见图 8-26），选择求解模型方法。

（4）单击图 8-26 所示的"Solve"按钮，得到例 8.7 的结果（见图 8-27）。

（5）选择"Results"→"Graphic Solution"菜单命令，显示该游客出游的最短路线图（见图 8-28）。

由求解结果可知，该游客出游的最短路线为 A→C→E→D→B→A，总行程为 190km。

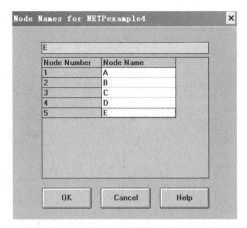

图 8-24　例 8.7 的更改节点名对话框

From \ To	A	B	C	D	E
A	0	13	51	77	68
B	13	0	60	70	67
C	51	60	0	57	36
D	77	70	57	0	20
E	68	67	36	20	0

图 8-25　输入各城市之间的距离

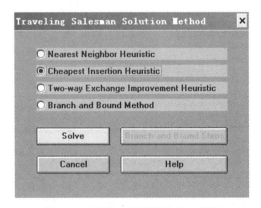

图 8-26　选择求解模型方法对话框

10-31-2013	From Node	Connect To	Distance/Cost		From Node	Connect To	Distance/Cost
1	A	C	51	4	D	B	70
2	C	E	36	5	B	A	13
3	E	D	20				
	Total	Minimal	Traveling	Distance	or Cost	=	190
	(Result	from	Cheapest	Insertion	Heuristic)		

图 8-27　例 8.7 的结果

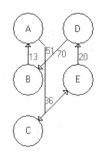

图 8-28　该游客出游的最短路线的图形

8.4　使用 MATLAB 软件求解图与网络分析问题

对于求解图与网络分析问题，MATLAB 软件优化工具箱也没有提供相应的可直接调用的函数。本节通过编程用 Kruskal 算法求解最小支撑树问题；用 Dijkstra 算法求解最短路径问题；用 Ford-Fulkerson 算法求解网络最大流问题。

8.4.1　实验目的

（1）熟悉使用 MATLAB 软件求解最小支撑树问题、最短路径问题和网络最大流问题的基本命令和 M 文件的编写。

（2）通过使用 MATLAB 软件求解图与网络分析问题，进一步理解该问题的理论知识。

8.4.2　实验内容

例 8.8　用 MATLAB 软件求解例 8.4。

（1）创建一个新的 ".m" 文件，在编辑窗口中输入下列代码：

```
function [x,f]=NETPexample1()
b=[1 1 2 2 3 3 4 4 5;
   2 3 3 4 4 5 5 6 6;
   5 6 1 5 7 2 3 4 4];
[B,i]=sortrows(b',3);B=B'; m=size(b,2);n=6;
t=1:n; k=0; T=[ ]; c=0;
for i=1:m
  if t(B(1,i))~=t(B(2,i))
    k=k+1;  T(k,1:2)=B(1:2,i);  c=c+B(3,i);
    tmin=min(t(B(1,i)),t(B(2,i)));
    tmax=max(t(B(1,i)),t(B(2,i)));
```

```
        for j=1:n
            if t(j)==tmax
                t(j)=tmin;
            end
        end
    end
    if k==n-1
        break ;
    end
end
Minimal_Spanning_Tree=T
total_length=c
```

（2）选择"Debug"→"Run NETPexample1.m"菜单命令或单击工具栏中的 ▶ 按钮，运行程序，得到下面的结果。

```
Minimal_Spanning_Tree =

    2    3
    3    5
    4    5
    4    6
    1    2


total_length =

    15
```

由求解结果可知，最小支撑树由边(A,B)，(B,C)，(C,E)，(D,E)，(D,F)组成，最小支撑树的总长为15。

例8.9 用 MATLAB 软件求解例 8.5。

（1）创建一个新的".m"文件，在编辑窗口中输入下列代码：

```
function y=NETPexample2()
A=[ 0 3 2 4 Inf Inf Inf Inf Inf;
    3 0 6 Inf 11 9 Inf Inf Inf;
    2 6 0 2 Inf 5 Inf Inf Inf;
```

```
    4 Inf 2 0 Inf Inf 4 Inf Inf;
    Inf 11 Inf Inf 0 2 Inf Inf 5;
    Inf 9 5 Inf 2 0 3 4 8;
    Inf Inf Inf 4 Inf 3 0 6 Inf;
    Inf Inf Inf Inf Inf 4 6 0 7;
    Inf Inf Inf Inf 5 8 Inf 7 0];
sv=1;
[n,n]=size(A); s=sv;
T=inf.*ones(1,n);
P=inf.*ones(1,n);
Tv=1:1:n;
v=zeros(1,n);
Tm=zeros(n,n);
P(s)=0;
for i=1:n
    Pv(i)=s;
    Tv=Tmark(Tv,s);
    Tm(s,:)=A(s,:);
    for k=Pv
        Tm(s,k)=inf;
        T(k)=inf;
    end
    for k=Tv
        Tm(s,k)=Tm(s,k)+P(s);
    end
    for k=Tv
        [x,val]=min([T(k),Tm(s,k)]);
        T(k)=x;
        if val==2
            v(k)=s;
        end
    end
    [x,val]=min(T);
    if x==inf
        break;
```

```
        end
        s=val;
        P(s)=x;
    end
aad=zeros(1,n);
for i=n:-1:1
    w=i;
    for k=1:n
        if w==0
            break;
        end
        aad(k)=w;
        w=v(w);
        if w==sv
            aad(k+1)=w;
            break;
        end
    end
    for l=1:n
        if aad(l)==sv
            k=1;
            for j=l:-1:1
                D(i,k)=aad(j);
                k=k+1;
            end
        end
    end
    aad=zeros(1,n);
end
[g,h]=size(D);
for i=1:g
    for j=1:h
        if D(i,j)==0
            D(i,j)=NaN;
        end
```

```
        end
    end
Shortest_Path=D(9,:)
Shortest_Path_Length=P(9)


function Tvad=Tmark(Tv,vm)
tg=length(Tv);
for i=1:tg
    if Tv(i)==vm;
        wd=i;
        break;
    end
end
Tvad=[Tv(1,1:wd-1),Tv(1,wd+1:tg)];
```

（2）选择"Debug"→"Run NETPexample2.m"菜单命令或单击工具栏中的 ▶ 按钮，运行程序，得到下面的结果。

```
Shortest_Path =


    1    3    6    5    9


Shortest_Path_Length =

14
```

由求解结果可知，点 v_1 到点 v_9 的最短路径为 $v_1 \rightarrow v_3 \rightarrow v_6 \rightarrow v_5 \rightarrow v_9$，最短距离是 14。

例 8.10　用 MATLAB 软件求解例 8.6。

（1）创建一个新的".m"文件，在编辑窗口中输入下列代码：

```
function z=NETPexample3()
C=[0 8 7 0 0 0;
   0 0 5 9 0 0;
   0 0 0 0 9 0;
   0 0 2 0 0 5;
   0 0 0 6 0 10;
   0 0 0 0 0 0];
```

```
n=size(C,2);
for(i=1:n)
    for(j=1:n)
        f(i,j)=0;
    end;
end
for(i=1:n)
    N(i)=0;
    d(i)=0;
end
while(1)
    N(1)=n+1;
    d(1)=Inf;
while(1)
    pd=1;
for(i=1:n)
    if(N(i))
        for(j=1:n)
            if(N(j)==0&f(i,j)<C(i,j))
                N(j)=i;
                d(j)=C(i,j)-f(i,j);
                pd=0;
                if(d(j)>d(i))
                    d(j)=d(i);
                end
            elseif(N(j)==0&f(j,i)>0)
                N(j)=-i;
                d(j)=f(j,i);
                pd=0;
                if(d(j)>d(i))
                    d(j)=d(i);
                end
            end
        end
    end
end
```

```
    end
    if(N(n)|pd)
        break;
    end
end
if(pd)
    break;
end
dvt=d(n);
t=n;
while(1)
    if(N(t)>0)
        f(N(t),t)=f(N(t),t)+dvt;
    elseif(N(t)<0)
        f(N(t),t)=f(N(t),t)-dvt;
    end
    if(N(t)==1)
        for(i=1:n)
            N(i)=0;d(i)=0;
        end
        break;
    end
    t=N(t);
end
end
wf=0;
for(j=1:n)
    wf=wf+f(1,j);
end
fprintf('Maximal Flow is \n(s,v1): %d,(s,v2): %d,(v1,v2): %d,(v1,v3):
%d,(v2,v4): %d,\n(v3,v2): %d,(v4,v3): %d,(v3,t): %d,(v4,t): %d',f(1,2),f(1,3),
f(2,3),f(2,4),f(3,5),f(4,3),f(5,4),f(4,6),f(5,6));
Maximal_Flow_Value=wf
```

（2）选择"Debug"→"Run NETPexample3.m"菜单命令或单击工具栏中的 ▶ 按钮，运行程
序，得到下面的结果。

```
Maximal Flow is
(s,v1): 7,(s,v2): 7,(v1,v2): 2,(v1,v3): 5,(v2,v4): 9,
(v3,v2): 0,(v4,v3): 0,(v3,t): 5,(v4,t): 9


Maximal_Flow_Value =

14
```

由求解结果可知，(s,v_1) 的流量为 7，(s,v_2) 的流量为 7，(v_1,v_2) 的流量为 2，(v_1,v_3) 的流量为 5，(v_2,v_4) 的流量为 9，(v_3,t) 的流量为 5，(v_4,t) 的流量为 9，最大流量为 14。

练　　习

1. 求图 8-29 所示两个网络图的最小支撑树。

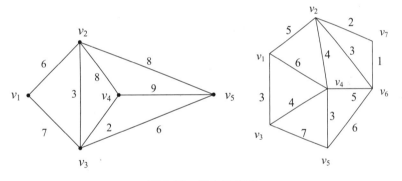

图 8-29　两个网络图

2. 某市六个新建单位之间的交通线路的长度如表 8-2 所示。其中单位 A 距煤气供应站最近。为使六个新建单位都能使用煤气，沿交通线路铺设管道，并且经单位 A 与煤气供应站连通。求应如何铺设煤气管道可以使其总长度最短？

表 8-2　某市六个新建单位之间的交通线路的长度　　　　　　　　　　　　　　单位：km

	A	B	C	D	E	F
A	0	1.3	3.2	4.3	3.8	3.7
B	1.3	0	3.5	4.0	3.1	3.9
C	3.2	3.5	0	2.8	2.6	1.0
D	4.3	4.0	2.8	0	2.1	2.7
E	3.8	3.1	2.6	2.1	0	2.4
F	3.7	3.9	1.0	2.7	2.4	0

3. 有一个住宅小区要铺设供热管道，已知锅炉房与各住宅楼之间的距离，以及部分住宅楼之间的距离，如图 8-30 所示。问如何选择供热管道的线路可使管道总长最短？

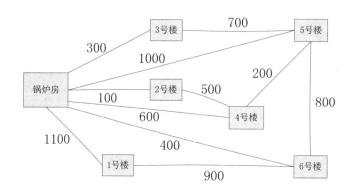

图 8-30　锅炉房与各住宅楼、部分住宅楼之间的距离

4. 求图 8-31 所示的点 s 到点 t 的最短距离。

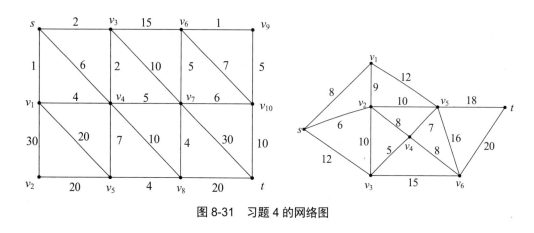

图 8-31　习题 4 的网络图

5. 图 8-32 所示为某地区 8 个城市之间的铁路交通图，试制定两两城市之间的距离表。

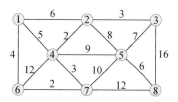

图 8-32　某地区 8 个城市之间的铁路交通图

6. 某公司有一台已使用一年的生产设备，每年年底，公司就要考虑下一年是购买新设备还是继续使用这台旧设备。若购买新设备，就要支出一笔购置费；若继续使用旧设备，则需要支付维

修费，而且此费用会随着使用年限的延长而增长。已知这种设备每年年底的购置价格，如表 8-3 所示。不同使用年限的维修费用如表 8-4 所示，第一年开始时使用的有一年役龄的老设备其净值为 8。试制订一个 5 年内设备的使用或更新计划，使 5 年内设备的使用维修费和设备购置费的总支出最小。

表 8-3　这种设备每年年底的购置价格

年份	2	3	4	5
年初价格/万元	11	12	12	13

表 8-4　不同使用年限的维修费用

使用年限	0~1	1~2	2~3	3~4	4~5	5~6
年维修费/万元	2	3	5	8	12	18

7．求图 8-33 所示的网络最大流。

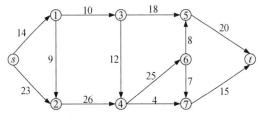

图 8-33　习题 7 的网络图

8．有一市郊公路扩修路面，在工程期间停止使用，原有通行车辆须从市区穿行。市区各路段允许增加的车流量如图 8-34 所示，其中只能单向通行。根据该市区各路段允许增加的车流量，求整个市区从入口 s 到出口 t 允许增加的最大车流量。

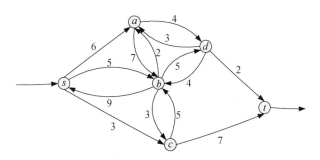

图 8-34　市区各路段允许增加的车流量

9．图 8-35 所示的网络括号中的第一个数字为容量，第二个数字为费用，求 s 到 t 的最小费用最大流。

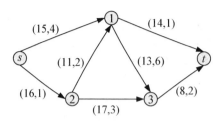

图 8-35　习题 9 的网络图

10．将 3 个天然气田 A_1、A_2、A_3 的天然气输送到两个地区 C_1、C_2，中途有 2 个加压站 B_1、B_2，天然气管线如图 8-36 所示。输气管道单位时间的最大通过量 c_{ij} 及单位流量的费用 d_{ij} 标在弧旁，显示为 (c_{ij}, d_{ij})。求最小费用最大流。

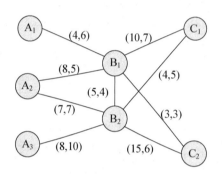

图 8-36　天然气管线

11．设有一个售货员从城市 A 出发，到城市 B、C、D 和 E 去推销货物，最后回到城市 A。任意两个城市之间的距离如图 8-37 所示，问他应该怎样选择一条最短的路线？

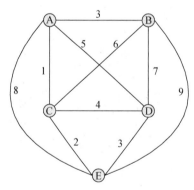

图 8-37　任意两个城市之间的距离

第9章 排队论实验

9.1 基础知识

在日常生活中经常遇到排队现象，如乘公共汽车、到医院看病挂号等。如果服务系统不能满足要求的服务数量，就会产生排队现象。若增加服务设施，就会增加投资或发生空闲浪费；若服务设施太少，排队现象就会严重，服务质量降低，产生不利影响。因此，管理人员面临既要降低成本、又要提高服务质量的平衡问题。排队论也称为随机服务系统理论，它是研究如何才能既保证一定的服务质量的指标，又使服务设施费用经济合理，恰当地解决顾客排队时间及设施服务费用这对矛盾的一门学科。

9.1.1 排队论的基本构成

任何排队过程都可以由图9-1描述，各个顾客由顾客总体出发，到达服务机构前排队等候接受服务，服务完毕即可离开。一般的排队系统都有三个基本组成部分：输入过程（指顾客来到排队系统）、排队规则和服务机构。各部分的特征如下所述。

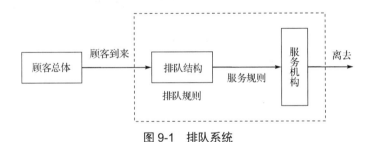

图 9-1 排队系统

（1）输入过程。输入过程描述的是顾客到达排队系统，可能有下列各种不同情形：①顾客总体的组成是有限的也可能是无限的。②顾客到达的类型是单个到达，也可能是成批到达。③顾客相继到达的时间间隔是确定型的，也可能是随机型的。④顾客的到达可以是相互独立的，即以前的到达情况对以后顾客的到来没有影响，否则就是有关联的。⑤输入过程可以是平稳的，是指描述相继到达的时间间隔分布和所含参数都是与时间无关的，否则为非平稳的。

（2）排队规则。排队规则是指顾客按照规定的次序接受服务。常见的有等待制和损失制。当一个顾客到达时所有服务台都不空闲，则该顾客排队等待直到得到服务后离开，称为等待制。在等待制中，可以是先到先服务，即按到达次序接受服务，如排队买票；可以是后到先服务，如乘坐电梯的顾客常是后入先出的;可以是随机服务,如电话服务;也可以是有优先权的服务,如危重病人可优先看病。当一个顾客到来时,所有服务台都不空闲,则该顾客立即离开不等待,称为损失制。

（3）服务机构。服务机构主要包括一个或多个服务台;在有多个服务台的情形中,它们可以是并列的也可以是串联的;服务方式可以是对单个顾客进行的,也可以是对成批顾客进行的;服务时间可以分为确定型和随机型。

9.1.2 排队系统的数量指标

（1）队长与等待队长。队长是指系统中的平均顾客数（L_s）;等待队长是指系统中处于等待状态的顾客数（L_q）。队长由等待队长加上正在服务的顾客数构成。

（2）等待时间。等待时间包括顾客的平均逗留时间（W_s）和平均等待时间（W_q）。顾客的平均逗留时间是指顾客进入系统到离开系统这段时间,包括等待时间和接受服务的时间。顾客的平均等待时间是指顾客进入系统到接受服务这段时间。

（3）忙期。从顾客到达空闲的系统,服务立即开始,直到再次变为空闲,这段时间是系统连续繁忙的时期,称之为系统的忙期。它反映了系统中服务机构的工作强度,是衡量服务系统利用效率的指标,即服务强度=忙期/服务总时间=1-闲期/服务总时间。闲期对应的系统的空闲时间,也就是系统连续保持空闲的时间长度。

9.1.3 排队模型的分类及符号表示

根据上述各部分中最主要的、影响最大的三个特征,即相继顾客到达时间间隔、服务时间的分布和服务台个数。D. G. Kendall 在 1953 年提出了一种分类方法,并用一定的符号表示,称为 Kendall 记号,它的一般形式为

$$X / Y / Z / A / B / C$$

式中,X 表示相继顾客到达时间间隔的分布;Y 表示服务时间的分布;Z 表示服务台的个数;A 表示系统的容量;B 表示顾客总体的数目;C 表示服务规则。后三项有时会部分省略或全部省略。

相继顾客到达时间间隔和服务时间的分布可用下列符号表示:M 为负指数分布;D 为确定型;E_k 为埃尔朗（Erlang）分布;GI 为一般相互独立的时间间隔的分布;G 为一般服务时间的分布。例如 $M / M / 1$ 表示相继顾客到达时间间隔是负指数分布、服务时间是负指数分布、单服务台的模型。

9.1.4 排队论中的模型

1. 等待制模型

该模型中最常见的模型是 $M / M / S / \infty$,即顾客到达系统的相继到达时间间隔独立,且服从参数为 λ 的负指数分布（即输入过程为泊松过程）,服务台的服务时间也独立同分布,且服从参数为 μ 的负指数分布,S 为服务台个数,而且系统空间无限,允许永远排队。在[0, t]时间内到达的顾客数服从的分布表示为

$$P\{X(t)=k\}=\frac{(\lambda t)^k \mathrm{e}^{-\lambda t}}{k!}$$

其单位时间到达的顾客平均数为 λ，在 $[0,t]$ 时间内到达的顾客平均数为 λt。

顾客接受服务的时间服从负指数分布，单位时间服务的顾客平均数为 μ，服务时间的分布表示为

$$f(t)=\begin{cases}\mu \mathrm{e}^{-\mu t} & (t>0)\\ 0 & \end{cases}$$

每个顾客接受服务的平均时间为 $\frac{1}{\mu}$。

（1）只有一个服务台 $(S=1)$ 的情形，可以计算出稳定状态下系统有 n 个顾客的概率：

$$p_n=\left(1-\frac{\lambda}{\mu}\right)\left(\frac{\lambda}{\mu}\right)^n=(1-\rho)\rho^n \quad (n=0,1,2\cdots)$$

式中，$\rho=\frac{\lambda}{\mu}$ 称为系统的服务强度。则系统没有顾客的概率为

$$p_0=1-\frac{\lambda}{\mu}=1-\rho$$

系统中顾客的平均队长为

$$L_s=\sum_{n=0}^{\infty}np_n=(1-\rho)\sum_{n=0}^{\infty}n\rho^n=\frac{\rho}{1-\rho}=\frac{\lambda}{\mu-\lambda}$$

系统中顾客的平均等待队长为

$$L_q=\sum_{n=1}^{\infty}(n-1)p_n=(1-\rho)\sum_{n=1}^{\infty}(n-1)\rho^n=\frac{\rho^2}{1-\rho}=\frac{\lambda^2}{\mu(\mu-\lambda)}$$

系统中顾客的平均逗留时间为

$$W_s=\frac{1}{\mu-\lambda}$$

系统中顾客的平均等待时间为

$$W_q=\frac{1}{\mu-\lambda}-\frac{1}{\mu}=\frac{\lambda}{\mu(\mu-\lambda)}$$

由以上各式可以得出：

$$L_s=\lambda W_s, \quad L_q=\lambda W_q$$

$$或 \quad W_s=\frac{L_s}{\lambda}, \quad W_q=\frac{L_q}{\lambda}$$

该公式称为 Little 公式。在其他排队论模型中依然适用。Little 公式的直观意义：$L_s=\lambda W_s$ 表明排队系统的队长等于一个顾客平均逗留时间内到达的顾客数。$L_q=\lambda W_q$ 表明排队系统的等待队长等于一个顾客平均等待时间内到达的顾客数。

（2）系统有多个服务台($S>1$)的情形，当系统中有 S 个服务台，系统的服务能力为 $S\mu$，服务强度为 $\rho=\dfrac{\lambda}{S\mu}$。系统中顾客的平均队长为

$$L_s=S\rho+\frac{(S\rho)^S\rho}{S!(1-\rho)^2}p_0$$

式中，$p_0=\left[\displaystyle\sum_{k=0}^{S-1}\frac{(S\rho)^k}{k!}+\frac{(S\rho)^S}{S!(1-\rho)}\right]^{-1}$，表示所有服务台都空闲的概率。

系统中顾客的平均逗留时间为

$$W_s=\frac{L_s}{\lambda}$$

系统中顾客的平均等待时间为

$$W_q=W_s-\frac{1}{\mu}$$

系统中顾客的平均等待队长为

$$L_q=\lambda W_q$$

2. 损失制模型

损失制模型通常记为 $M/M/S/S$，表示输入过程是泊松流，服务时间服从负指数分布，系统有 S 个服务台平行服务，顾客到达后不等待的损失制系统。

$$p_0=\frac{1}{\displaystyle\sum_{n=0}^{S}\frac{(\lambda/\mu)^n}{n!}},\quad p_n=\frac{(\lambda/\mu)^n}{n!}p_0=\frac{(\lambda/\mu)^n/n!}{\displaystyle\sum_{n=0}^{S}(\lambda/\mu)^n/n!}\quad(n=1,2,\cdots,S)$$

系统中的平均顾客数为

$$L=\left(\frac{\lambda}{\mu}\right)\frac{\displaystyle\sum_{n=0}^{S-1}(\lambda/\mu)^n/n!}{\displaystyle\sum_{n=0}^{S}(\lambda/\mu)^n/n!}=\rho\frac{\displaystyle\sum_{n=0}^{S-1}\rho^n/n!}{\displaystyle\sum_{n=0}^{S}\rho^n/n!}$$

在损失制模型中，因为没有顾客等待，顾客平均等待时间 $W_q=0$，平均等待队长 $L_q=0$。因此有效输入率为

$$\lambda_{\text{eff}}=\lambda\frac{\displaystyle\sum_{n=0}^{S-1}(\lambda/\mu)^n/n!}{\displaystyle\sum_{n=0}^{S}(\lambda/\mu)^n/n!}=\lambda\frac{\displaystyle\sum_{n=0}^{S-1}\rho^n/n!}{\displaystyle\sum_{n=0}^{S}\rho^n/n!}$$

9.2 使用 Lingo 软件求解排队论问题

9.2.1 实验目的

（1）熟悉使用 Lingo 软件求解 $M/M/1/\infty$ 模型和 $M/M/S/S$ 模型的方法。

（2）通过使用 Lingo 软件求解排队论问题，进一步熟悉 Lingo 软件的基本命令及语法。

9.2.2 实验内容

例 9.1 某机关接待室只有 1 名对外接待人员，每天工作 10h，来访人员和接待时间都是随机的。设来访人员按照泊松流到达，到达速率为 $\lambda=8$ 人/h，接待人员的服务速率为 $\mu=9$ 人/h，接待时间服从负指数分布。试计算来访人员的平均等待时间，等候的平均人数。

解 该问题属于 $M/M/1/\infty$ 排队模型。$S=1$，$\lambda=8$，$\mu=9$，需要计算来访人员的平均等待时间 W_q，等候的平均人数 L_q。

利用 Lingo 软件求解的步骤如下所示。

（1）在 Lingo 软件编辑窗口中输入下列代码：

```
model:
lp=8;
u=9;
T=1/u;
load=lp/u;
S=1;
Pwait=@PEB(load,S);
W_q=Pwait*T/(S-load);
L_q=lp*W_q;
End
```

（2）单击"Solve"菜单中的"Solve"选项或单击工具栏中的 ▣ 按钮，求解该模型，得到下列结果。

```
Feasible solution found.
Total solver iterations:                0



                        Variable         Value
                              LP      8.000000
                               U      9.000000
```

```
                        T           0.1111111
                      LOAD          0.8888889
                        S           1.000000
                      PWAIT         0.8888889
                      W_Q           0.8888889
                      L_Q           7.111111


                      Row      Slack or Surplus
                        1          0.000000
                        2          0.000000
                        3          0.000000
                        4          0.000000
                        5          0.000000
                        6          0.000000
                        7          0.000000
                        8          0.000000
```

由运行结果可知，来访人员的平均等待时间 $W_q \approx 0.89h \approx 53min$ ，等候的平均人数 $L_q \approx 7.1$ 人。

例 9.2 某单位电话交换台有一部 300 门内线电话的总机，已知上班时间有 30% 的内线分机平均每 30min 要一次外线电话，70% 的分机每隔 70min 要一次外线电话。又知从外单位打来的电话的呼唤率平均 30s 一次，设与外线的平均通话时间为 3min，以上时间都服从负指数分布。如果要求外线电话接通率为 95% 以上，问电话交换台应设置多少外线？

解 该问题属于损失制模型。电话交换台的服务分为两部分：一部分是内线打外线；另一部分是外线打内线。内线打外线的服务强度（每小时通话平均次数）为 $\lambda_1=360$ ，外线打内线的服务强度 $\lambda_2=120$ ，总强度为 $\lambda=\lambda_1+\lambda_2=480$ 。电话平均服务时间为 $T=0.05h$ ，服务率为 $\mu=20$ 。

该问题的目标是求最小的电话交换台数 S ，使顾客（外线电话）损失率不超过 5%，即 $P_{\text{lost}} \leqslant 0.05$ 。

利用 Lingo 软件求解的步骤如下所示。

（1）在 Lingo 软件编辑窗口中输入下列代码：

```
model:
min=S;
lp=480;
u=20;
load=lp/u;
Plost=@PEL(load,S);
Plost<=0.05;
lpe=lp*(1-Plost);
```

```
L_s=lpe/u;
eta=L_s/S;
@gin(S);
End
```

（2）单击"Solve"菜单中的"Solve"选项或单击工具栏中的⟳按钮，求解该模型，得到下列结果。

```
Local optimal solution found.
Objective value:                    30.00000
Objective bound:                    30.00000
Infeasibilities:                    0.1387779E-16
Extended solver steps:                     2
Total solver iterations:                 980


              Variable         Value       Reduced Cost
                     S      30.00000          1.000000
                    LP      480.0000          0.000000
                     U      20.00000          0.000000
                  LOAD      24.00000          0.000000
                 PLOST   0.4012069E-01        0.000000
                   LPE      460.7421          0.000000
                   L_S      23.03710          0.000000
                   ETA     0.7679035          0.000000


                   Row    Slack or Surplus    Dual Price
                     1      30.00000         -1.000000
                     2      0.000000          0.000000
                     3      0.000000          0.000000
                     4      0.000000          0.000000
                     5      0.000000          0.000000
                     6    0.9879313E-02       0.000000
                     7      0.000000          0.000000
                     8      0.000000          0.000000
                     9      0.000000          0.000000
```

由运行结果可知，最小的电话交换台数 $S=30$，电话损失率 $P_{\text{lost}} \approx 0.04$，实际进入系统的电话平均强度 $\lambda_{\text{eff}} \approx 460.7$，平均队长 $L_s \approx 23$，系统服务台的效率 $\eta \approx 0.768$。

9.3　使用 WinQSB 软件求解排队论问题

用 WinQSB 软件求解排队论问题时需调用"Queuing Analysis"模块（用于排队分析）和"Queuing System Simulation"模块（用于排队系统随机模拟）。

9.3.1　实验目的

（1）熟悉使用 WinQSB 软件求解 M/M/1/∞ 模型和 M/M/S/S 模型的方法。

（2）通过使用 WinQSB 软件求解排队论问题，进一步理解该问题的理论知识。

9.3.2　实验内容

例 9.3　利用 WinQSB 软件求解例 9.1。

解　利用 WinQSB 软件求解的步骤如下所示。

（1）选择"WinQSB"→"Queuing Analysis"→"File"→"New Problem"菜单命令，生成对话框（见图 9-2），时间单位（Time Unit）改为"hour"，格式输入（Entry Format）选择"Simple M/M System"，单击"OK"按钮。

图 9-2　问题说明对话框

（2）弹出数据输入窗口（见图 9-3），输入相应数据。

（3）选择"Solve and Analyze"→"Solve the Performance"菜单命令，得到运行结果（见图 9-4）。由运行结果可知，来访人员的平均等待时间 $W_q \approx 0.89\text{h} \approx 53\text{min}$，等候的平均人数 $L_q \approx 7.1$ 人。

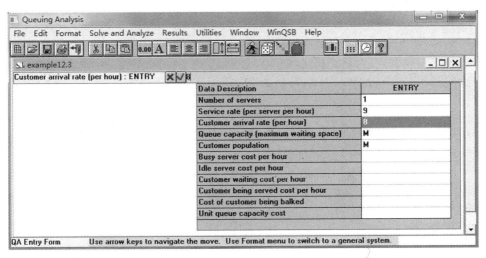

图 9-3　数据输入窗口

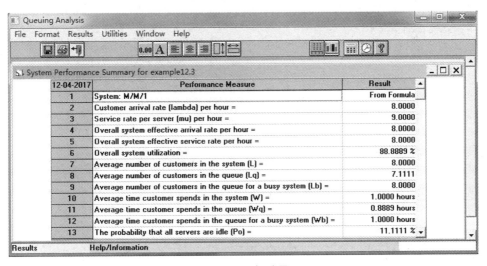

图 9-4　运行结果

例 9.4　设某条电话线，平均每分钟有 0.6 次呼叫，若每次通话时间平均为 1.25min，求系统相应的参数指标。

解　该问题属于损失制模型，其参数为 $S=1$，$\lambda=0.6$，$\mu=0.8$。用 WinQSB 软件求解的步骤如下所示。

（1）选择"WinQSB"→"Queuing Analysis"→"File"→"New Problem"菜单命令，生成对话框（见图 9-5），时间单位（Time Unit）改为"minute"，格式输入（Entry Format）选择"Simple M/M System"，单击"OK"按钮。

（2）弹出数据输入窗口（见图 9-6），输入相应数据。

（3）选择"Solve and Analyze"→"Solve the Performance"菜单命令，得到运行结果（见图 9-7）。

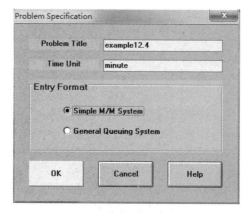

图 9-5　问题说明对话框

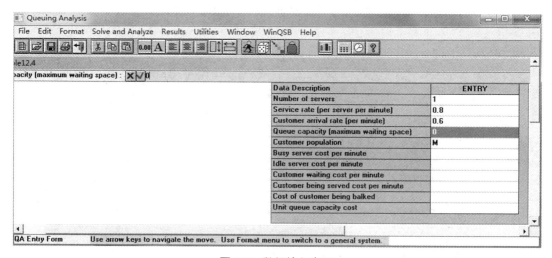

图 9-6　数据输入窗口

06-29-2023	Performance Measure	Result
1	System: M/M/1/1	From Formula
2	Customer arrival rate (lambda) per minute =	0.6000
3	Service rate per server (mu) per minute =	0.8000
4	Overall system effective arrival rate per minute =	0.3429
5	Overall system effective service rate per minute =	0.3429
6	Overall system utilization =	42.8571 %
7	Average number of customers in the system (L) =	0.4286
8	Average number of customers in the queue (Lq) =	0
9	Average number of customers in the queue for a busy system (Lb) =	0
10	Average time customer spends in the system (W) =	1.2500 minutes
11	Average time customer spends in the queue (Wq) =	0 minute
12	Average time customer spends in the queue for a busy system (Wb) =	0 minute
13	The probability that all servers are idle (Po) =	57.1429 %
14	The probability an arriving customer waits (Pw) or system is busy (Pb) =	42.8571 %
15	Average number of customers being balked per minute =	0.2571

图 9-7　运行结果

由运行结果可知，系统里有 0 个顾客（系统空闲）的概率为 57.1429%；系统里有 1 个顾客，即系统被占满的概率为42.8571%。因此，系统的顾客损失率为42.8571%，即42.8571%的电话没有接通。系统的有效到达率为0.3429，即真正进入系统的电话平均为0.3429次/min。系统里平均顾客数为0.4286，即此电话系统里平均有0.4286个电话在使用。

例9.5 某杂货店只有一名售货员，已知顾客到达过程服从泊松流，平均到达率为每小时20人，不清楚这个系统的服务时间服从什么分布，但从统计分析知道，售货员平均服务一名顾客的时间为2min，服务时间的均方误差为1.5min，求这个排队系统的数量指标。

解 该问题是一个$M/G/1$的排队系统，其中平均3min到达1名顾客，每位顾客的平均服务时间是2min，均方误差是1.5min。用WinQSB软件求解的步骤如下所示。

（1）选择"WinQSB"→"Queuing Analysis"→"File"→"New Problem"菜单命令，生成对话框（见

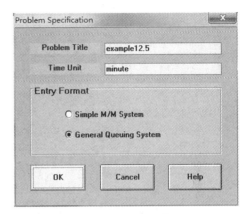

图9-8 问题说明窗口

图9-8），时间单位（Time Unit）改为"minute"，格式输入（Entry Format）选择"General Queuing System"，单击"OK"按钮。

（2）弹出数据输入窗口（见图9-9），双击窗口中"Service time distribution"选项右边的"Exponential"选项，弹出概率分布函数对话框（见图9-10），选择"General/Arbitrary"选项，单击"OK"按钮。

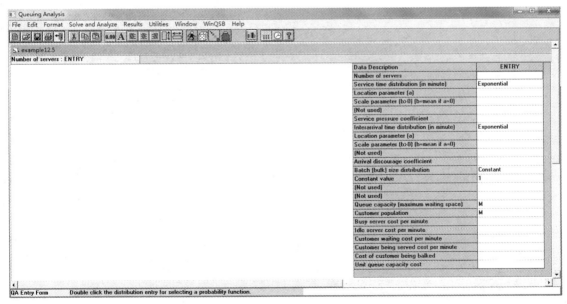

图9-9 数据输入窗口

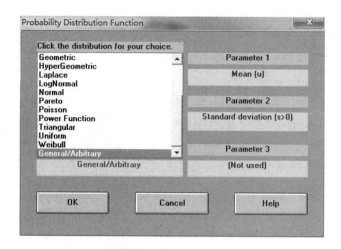

图 9-10　概率分布函数对话框

（3）在数据输入窗口中输入相应数据（见图 9-11）。

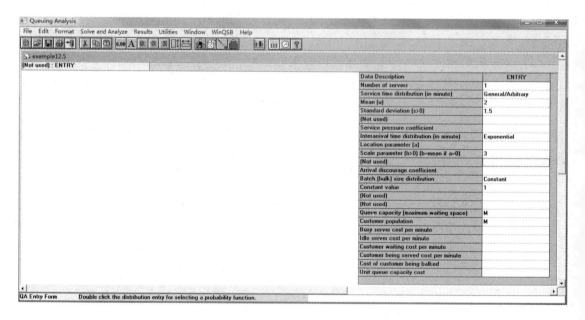

图 9-11　输入相应数据

（4）选择"Solve and Analyze"→"Solve the Performance"菜单命令，得到运行结果（见图 9-12）。

由运行结果可知，系统中平均等待顾客数为 1.0417 人，平均等待时间为 3.125min。

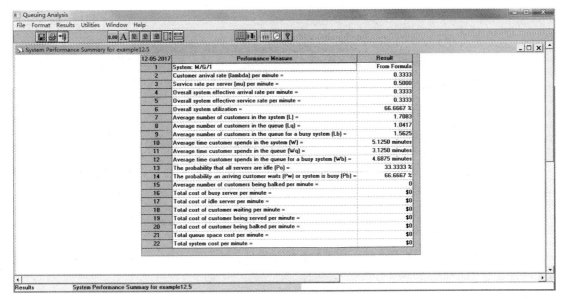

图 9-12 运行结果

练 习

1．某修理店只有一个修理工，来修理东西的顾客到达人数服从泊松分布，平均每小时 4 人，修理时间服从负指数分布，平均需 6min。求：

（1）修理店空闲时间的概率；

（2）店内有 3 个顾客的概率；

（3）店内的顾客平均数；

（4）店内的等待顾客平均数；

（5）顾客在店内的平均逗留时间；

（6）平均等待修理时间。

2．某系统有 3 名服务员，每小时平均到达 240 名顾客，且到达服从泊松分布，服务时间服从负指数分布，平均需 0.5min。求：

（1）整个系统内空闲的概率；

（2）顾客等待服务的概率；

（3）系统内等待服务的平均顾客数；

（4）平均等待服务时间；

（5）系统平均利用率；

（6）若每小时到达的顾客增至 480 名，服务员增至 6 名，分别计算上面的（1）～（5）问题的值。

3．某车间的工具仓库只有一个管理员，平均每小时有 4 个工人来借工具，平均服务时间为 6min。到达为泊松流，服务时间为负指数分布。由于场地等条件限制，仓库内能借工具的人最多不能超过

3 个。求：

（1）仓库内没有人借工具的概率；

（2）系统中借工具的平均人数；

（3）排队等待借工具的平均人数；

（4）工人在系统中平均花费的时间；

（5）工人的平均排队时间。

4．到达某铁路售票处的顾客分为两类：一类买南方线路票，到达率为 λ_1 /h；另一类买北方线路票，到达率为 λ_2 /h，以上均服从泊松分布。该售票处设两个窗口，各窗口服务一名顾客的时间均服从参数 μ =10 的指数分布。试比较下列情况下顾客分别等待的时间：

（1）两个窗口分别售南方线路票和北方线路票；

（2）每个窗口两种票均出售（分别比较 $\lambda_1 = \lambda_2$ =2,4,6,8 时的情形）。

5．在工厂的一个工具检测部门，要求检测的工具来自该厂各车间，平均 25 件/h，服从泊松分布。检测每件工具的时间为负指数分布，平均每件 2min。试求：

（1）该检测部门空闲的概率；

（2）一件送达的工具到检测完毕其停留时间超过 20min 的概率；

（3）等待检测的工具的平均数；

（4）等待检测的工具在 8～10 件的概率。

分别找出在下列情况时等待检测的工具的平均数：①检测速度加快；②送达的检测工具数降低 20%；③送达的检测工具数和检测速度均增大 20%。

6．某电话亭有一部电话，来打电话的顾客数服从泊松分布，相继两个人到达的平均时间为 10min，通话时间服从指数分布，平均数为 3min。求：

（1）顾客到达电话亭要等待的概率；

（2）等待打电话的平均顾客数；

（3）当一个顾客至少要等待 3min 才能打电话时，电信局打算增设一台电话机，问到达速度增加多少，装第二台电话机才是合理的？

（4）打一次电话要等 10min 以上的概率是多少？

（5）第二台电话机安装后，顾客的平均等待时间是多少？

7．某停车场有 10 个停车位置。汽车到达服从泊松分布，平均 10 辆/h，每辆汽车停留时间服从负指数分布，平均 10min。试求：

（1）停车位置的平均空闲数；

（2）到达的汽车能找到一个空停车位的概率；

（3）在该场地停车的汽车占总到达数的比例；

（4）每天 24h 在该停车场找不到空闲位置停放的汽车的平均数。

8．一个计算中心有三台电子计算机，型号和计算能力都是相同的。任何时间在中心的使用人数等于 10。对于每一个使用人，书写（和穿孔）一个程序的时间服从平均率每小时为 0.5 的指数分布。

每当完成程序后，就直接送到中心上机。每一个程序的计算时间服从平均率每小时为 2 的指数分布。假定中心是全日工作的，并略去停机时间的影响，求：

（1）中心收到一个程序时不能立即执行计算的概率；

（2）直到由中心送出一个程序为止的平均时间；

（3）等待上机的程序的平均个数；

（4）空闲的计算机的期望台数；

（5）计算机中心空闲时间的百分率；

（6）每台计算机空闲时间的平均百分率。

9．一个有一套设备的洗车店，要求洗车的车辆平均每 4min 到达一辆，洗每辆车需要 3min，以上均服从负指数分布。该店现在有两个车位，当店内无车时，到达车辆全部进入，当有一辆车时，只有 80% 进入，有两辆车时，到达车辆因为无系统服务而全部离去。要求：

（1）对此排队系统画出生死过程发生率；

（2）求洗车设备平均利用率，及一辆进入该店的车辆在该洗车店的平均逗留时间 W_s；

（3）为减少顾客流失，店里拟扩大租用第 3 个车位，这样当店内已有两辆车时，到达车辆 60% 进入，有 3 辆车时，新车辆仍全部离去。经计算，当租用第 3 车位时，该洗车店内有 n 辆车的概率 P_n 如表 9-1 所示。

表 9-1　该洗车店内有 n 辆车的概率 P_n

n	0	1	2	3
P_n	0.416	0.312	0.187	0.085

若该洗车店每天营业 24h，新车位租金 100 元/天，洗一辆车的净盈利为 5 元，问第 3 车位是否值得租用？

第 10 章 博弈论实验

10.1 基础知识

博弈论（Game Theory），也称对策论，是用数学方法研究理性决策者之间的竞争和合作的理论。博弈论是运筹学的一个重要分支，在经济学、管理学、政治学、军事学、生物学、心理学等学科中有广泛的应用。虽然博弈论的发展只有几十年的时间，但由于其研究对象广泛，研究内容丰富，且处理问题具有鲜明特色，因此引起了人们的广泛关注，得到了很多深刻的研究成果，成为运筹学中发展较快的一个分支。

10.1.1 策略型博弈及纳什均衡

博弈论按照局中人之间能否达成有约束力的协议，可以分为合作博弈和非合作博弈。本章只讨论非合作博弈中的完全信息静态博弈。完全信息是指参与博弈的每个局中人对所有其他局中人的特征、策略空间及支付函数有准确的知识。静态是指局中人同时选择行动，或者虽非同时行动，但后行动者不知道先行动者采取了什么具体行动。完全信息静态博弈也称为策略型博弈。

描述一个策略型博弈需要三个基本要素：局中人、策略、支付。

1. 局中人

局中人（Player）是博弈的参与人，是博弈的决策主体。局中人根据自己的偏好选择自己的行动使得自己的效用最大化。一个博弈中至少要有两个局中人，局中人可以是一个自然人，也可以是代表共同利益的一个团体，如企业、国家、球队等。局中人集合用 $N = \{1, 2, \cdots, n\}$ 表示。只有两个局中人的博弈称为二人博弈。

2. 策略

策略（Strategy）是指每个局中人在博弈中的行动规则或者行动指南。策略是局中人的一个完整的行动方案，规定局中人在什么情况下采取什么样的行动。一般来说，每个局中人都有多个策略可选。局中人 i 的策略集用 $S_i = \{s_i\}$ 来表示，$i \in N$。如果博弈的每个局中人都选定了一个策略 $s_i \in S_i$，则称向量 $(s_1, s_2, \cdots, s_n)$ 为一个策略组合或者局势。

3. 支付

支付（Payoff）是指局中人从各个策略组合中获得的效用。一个策略组合确定了博弈的一种结果，而这种结果又决定了局中人的支付。因此，每个局中人的支付是策略组合的函数，用 u_i 表示局

中人 i 的支付函数，$i \in N$。如果对于每一个策略组合，全体局中人的支付之和都为零，则称此博弈为零和博弈，否则称为非零和博弈。

一般地，一个策略型博弈可以由局中人、策略和支付这三个要素确定。我们用 $G = \{S_1, S_2, \cdots, S_n; u_1, u_2, \cdots, u_n\}$ 表示一个策略型博弈，其中有 n 个局中人参与，各个局中人的策略集为 $S_1, S_2, \cdots, S_n$，支付函数为 $u_1, u_2, \cdots, u_n$。在非合作博弈中，最基本的问题是求解博弈的均衡。

在有 n 个局中人的策略型博弈 $G = \{S_1, S_2, \cdots, S_n; u_1, u_2, \cdots, u_n\}$ 中，如果策略组合 $(s_1^*, s_2^*, \cdots, s_n^*)$ 满足：对每个局中人 i，s_i^* 是针对其他参与人策略 $(s_1^*, \cdots, s_{i-1}^*, s_{i+1}^*, \cdots, s_n^*)$ 的最优反应策略，即对任意 $s_i \in S_i$，有

$$u_i(s_1^*, \cdots, s_{i-1}^*, s_i^*, s_{i+1}^*, \cdots, s_n^*) \geq u_i(s_1^*, \cdots, s_{i-1}^*, s_i, s_{i+1}^*, \cdots, s_n^*)$$

则称策略组合 $(s_1^*, s_2^*, \cdots, s_n^*)$ 是该博弈的一个纯策略纳什均衡。

对任意局中人 i，假设其有 m_i 个纯策略，记其策略集为 $S_i = \{s_1^i, s_2^i, \cdots, s_{m_i}^i\}$，称 S_i 上的一个概率分布 $\boldsymbol{x_i} = (x_1^i, x_2^i, \cdots, x_{m_i}^i)$ 为局中人 i 的一个混合策略，其中

$$x_k^i \geq 0, \sum_{k=1}^{m_i} x_k^i = 1 \quad (k = 1, 2, \cdots, m_i)$$

局中人 i 的混合策略集记为 Σ_i。由该定义知，纯策略可以看成混合策略的特殊情形。混合策略可以理解为，当局中人多次重复进行博弈时采取各个纯策略的频率，或者只进行一次博弈时局中人对各个纯策略的偏爱程度。当每个局中人 i 都选定混合策略 $\boldsymbol{x_i}$ 后就形成了一个混合策略组合 $(\boldsymbol{x_1}, \boldsymbol{x_2}, \cdots, \boldsymbol{x_n})$，记局中人 i 在该混合策略组合下的期望支付为 $E_i(\boldsymbol{x_1}, \boldsymbol{x_2}, \cdots, \boldsymbol{x_n})$。

在有 n 个局中人的策略型博弈 $G = \{S_1, S_2, \cdots, S_n; u_1, u_2, \cdots, u_n\}$ 中，如果混合策略组合 $(\boldsymbol{x_1^*}, \boldsymbol{x_2^*}, \cdots, \boldsymbol{x_n^*})$ 满足：对于每个局中人 i，对任意 $\boldsymbol{x_i} \in \Sigma_i$，有

$$E_i(\boldsymbol{x_1^*}, \cdots, \boldsymbol{x_{i-1}^*}, \boldsymbol{x_i^*}, \boldsymbol{x_{i+1}^*}, \cdots, \boldsymbol{x_n^*}) \geq E_i(\boldsymbol{x_1^*}, \cdots, \boldsymbol{x_{i-1}^*}, \boldsymbol{x_i}, \boldsymbol{x_{i+1}^*}, \cdots, \boldsymbol{x_n^*})$$

则称混合策略组合 $(\boldsymbol{x_1^*}, \boldsymbol{x_2^*}, \cdots, \boldsymbol{x_n^*})$ 是该博弈的一个混合策略纳什均衡。

纳什证明了任何非合作 n 人有限博弈问题都存在纳什均衡。

10.1.2 二人零和有限博弈问题的求解

设 G 是二人零和有限博弈，局中人 1、2 的策略集分别为
$$S_1 = \{\alpha_1, \alpha_2, \cdots, \alpha_m\}$$
$$S_2 = \{\beta_1, \beta_2, \cdots, \beta_n\}$$

设在策略组合 (α_i, β_j) 中，局中人 1 获得的支付为 $a_{ij}(i = 1, 2, \cdots, m; j = 1, 2, \cdots, n)$，则局中人 1 的支付函数可以写成矩阵的形式 $\boldsymbol{A} = (a_{ij})_{m \times n}$，称 $\boldsymbol{A}$ 为局中人 1 的支付矩阵。由于博弈 G 是零和的，局中人 2 的支付矩阵为 $-\boldsymbol{A}$。因此，二人零和有限博弈可以记为
$$G = \{S_1, S_2; \boldsymbol{A}\}$$

二人零和有限博弈也称为矩阵博弈。如果存在 $\alpha_{i^*} \in S_1$，$\beta_{j^*} \in S_2$ 使得
$$a_{ij^*} \leq a_{i^* j^*} \leq a_{i^* j} \quad (i = 1, 2, \cdots, m; j = 1, 2, \cdots, n)$$

则策略组合 $(\alpha_{i^*}, \beta_{j^*})$ 是该博弈的一个纯策略纳什均衡。

进一步，记局中人 1、2 的混合策略集为

$$\Sigma_1 = \{\boldsymbol{x} \in \mathbb{R}^m \mid x_i \geq 0 (i = 1, 2, \cdots, m), \sum_{i=1}^{m} x_i = 1\}$$

$$\Sigma_2 = \{\boldsymbol{y} \in \mathbb{R}^n \mid y_j \geq 0 (j = 1, 2, \cdots, n), \sum_{j=1}^{n} y_j = 1\}$$

对任意 $\boldsymbol{x} \in \Sigma_1$，$\boldsymbol{y} \in \Sigma_2$，局中人 1 在混合策略组合 $(\boldsymbol{x}, \boldsymbol{y})$ 中获得的期望支付为

$$E(\boldsymbol{x}, \boldsymbol{y}) = \sum_{i=1}^{m} \sum_{j=1}^{n} a_{ij} x_i y_j$$

局中人 2 在混合策略组合 $(\boldsymbol{x}, \boldsymbol{y})$ 中获得的期望支付为 $-E(\boldsymbol{x}, \boldsymbol{y})$。

混合策略组合 $(\boldsymbol{x}^*, \boldsymbol{y}^*)$ 是矩阵博弈 $G = \{S_1, S_2; \boldsymbol{A}\}$ 的纳什均衡，当且仅当

$$E(\boldsymbol{x}, \boldsymbol{y}^*) \leq E(\boldsymbol{x}^*, \boldsymbol{y}^*) \leq E(\boldsymbol{x}^*, \boldsymbol{y}), \quad \forall \boldsymbol{x} \in \Sigma_1, \ \boldsymbol{y} \in \Sigma_2$$

称 $E(\boldsymbol{x}^*, \boldsymbol{y}^*)$ 为博弈的值，记为 v_G。而上式成立又等价于，存在数 v，使得 $\boldsymbol{x}^*$ 是不等式组

$$\begin{cases} \sum_{i=1}^{m} a_{ij} x_i \geq v & (j = 1, 2, \cdots, n) \\ \sum_{i=1}^{m} x_i = 1 \\ x_i \geq 0 & (i = 1, 2, \cdots, m) \end{cases}$$

的解，且 $\boldsymbol{y}^*$ 是不等式组

$$\begin{cases} \sum_{j=1}^{n} a_{ij} y_j \leq v & (i = 1, 2, \cdots, m) \\ \sum_{j=1}^{n} y_j = 1 \\ y_j \geq 0 & (j = 1, 2, \cdots, n) \end{cases}$$

的解。这样求矩阵博弈的均衡就可以转化为解不等式组。

考虑如下两个线性规划问题：

$$(\text{P}) \begin{cases} \max \ w \\ \text{s.t.} \sum_{i=1}^{m} a_{ij} x_i \geq w & (j = 1, 2, \cdots, n) \\ \sum_{i=1}^{m} x_i = 1 \\ x_i \geq 0 & (i = 1, 2, \cdots, m) \end{cases}$$

和

$$
\text{(D)} \begin{cases} \min v \\ \text{s.t.} \sum_{j=1}^{n} a_{ij} y_j \leqslant v \quad (i=1,2,\cdots,m) \\ \sum_{j=1}^{n} y_j = 1 \\ y_j \geqslant 0 \qquad (j=1,2,\cdots,n) \end{cases}
$$

问题 (P) 和 (D) 是互为对偶的线性规划问题，由线性规划对偶理论知，问题 (P) 和 (D) 分别存在最优解 $(\boldsymbol{x}^*, w^*)$ 和 $(\boldsymbol{y}^*, v^*)$，且 $v^* = w^*$。容易验证，$(\boldsymbol{x}^*, \boldsymbol{y}^*)$ 为博弈 G 的纳什均衡，且博弈的值为 v^*。

进一步，做变换（不妨设 $v > 0$，否则可在支付矩阵 $\boldsymbol{A}$ 的每个元素上都加上一个足够大的正数 d，博弈的均衡不会变）：

$$
\tilde{x}_i = \frac{x_i}{v} \quad (i=1,2,\cdots,m)
$$

$$
\tilde{y}_j = \frac{y_j}{v} \quad (j=1,2,\cdots,n)
$$

考虑两个互为对偶的线性规划问题：

$$
\text{(P}') \begin{cases} \min z = \sum_{i=1}^{m} \tilde{x}_i \\ \text{s.t.} \sum_{i=1}^{m} a_{ij} \tilde{x}_i \geqslant 1 \quad (j=1,2,\cdots,n) \\ \tilde{x}_i \geqslant 0 \qquad (i=1,2,\cdots,m) \end{cases}
$$

和

$$
\text{(D}') \begin{cases} \max \omega = \sum_{j=1}^{n} \tilde{y}_j \\ \text{s.t.} \sum_{j=1}^{n} a_{ij} \tilde{y}_j \leqslant 1 \quad (i=1,2,\cdots,m) \\ \tilde{y}_j \geqslant 0 \qquad (j=1,2,\cdots,n) \end{cases}
$$

若 $\tilde{\boldsymbol{x}}^*$ 和 $\tilde{\boldsymbol{y}}^*$ 分别是线性规划问题 (P$'$) 和 (D$'$) 的最优解，记

$$
\boldsymbol{x}^* = \frac{\tilde{\boldsymbol{x}}^*}{\sum\limits_{i=1}^{m} \tilde{x}_i^*}, \quad \boldsymbol{y}^* = \frac{\tilde{\boldsymbol{y}}^*}{\sum\limits_{i=1}^{m} \tilde{x}_i^*}
$$

则 $(\boldsymbol{x}^*, \boldsymbol{y}^*)$ 为博弈 G 的纳什均衡，且博弈的值为

$$
v_G = \frac{1}{\sum\limits_{i=1}^{m} \tilde{x}_i^*}
$$

因此，我们可以利用线性规划方法求解矩阵博弈。一般先求问题 (D$'$) 的最优解，因为问题 (D$'$) 比较容易得到初始基可行解。在求得问题 (D$'$) 的最优解后，利用对偶理论可以从问题 (D$'$) 的最后一

个单纯形表中得到问题(P′)的最优解。

10.1.3　二人非零和有限博弈问题的求解

设 G 是二人非零和有限博弈，局中人 1、2 的策略集分别为

$$S_1 = \{\alpha_1, \alpha_2, \cdots, \alpha_m\}$$
$$S_2 = \{\beta_1, \beta_2, \cdots, \beta_n\}$$

局中人 1 和局中人 2 的支付矩阵分别为

$$A = (a_{ij})_{m \times n}, \quad B = (b_{ij})_{m \times n}$$

二人非零和有限博弈也称为双矩阵博弈，记作 $G = \{S_1, S_2; A, B\}$。如果存在 $\alpha_{i^*} \in S_1$，$\beta_{j^*} \in S_2$ 使得

$$a_{ij^*} \leqslant a_{i^* j^*} \quad (i = 1, 2, \cdots, m)$$
$$b_{i^* j} \leqslant b_{i^* j^*} \quad (j = 1, 2, \cdots, n)$$

则策略组合 $(\alpha_{i^*}, \beta_{j^*})$ 是该博弈的一个纯策略纳什均衡。

进一步，记局中人 1、2 的混合策略集为 Σ_1、Σ_2。对任意 $x \in \Sigma_1$, $y \in \Sigma_2$，局中人 1 和局中人 2 在混合策略组合 (x, y) 中获得的期望支付为

$$E_1(x, y) = xAy^{\mathrm{T}} = \sum_{i=1}^{m} \sum_{j=1}^{n} a_{ij} x_i y_j, \quad E_2(x, y) = xBy^{\mathrm{T}} = \sum_{i=1}^{m} \sum_{j=1}^{n} b_{ij} x_i y_j$$

混合策略组合 (x^*, y^*) 是双矩阵博弈 $G = \{S_1, S_2; A, B\}$ 的纳什均衡，当且仅当

$$E_1(x, y^*) \leqslant E_1(x^*, y^*), \quad \forall x \in \Sigma_1$$
$$E_2(x^*, y) \leqslant E_2(x^*, y^*), \quad \forall y \in \Sigma_2$$

求解双矩阵博弈的纳什均衡可以转化为求如下二次规划问题的最优解。

$$
\begin{cases}
\max f(x, y, v_1, v_2) = \sum_{i=1}^{m} \sum_{j=1}^{n} a_{ij} x_i y_j + \sum_{i=1}^{m} \sum_{j=1}^{n} b_{ij} x_i y_j - v_1 - v_2 \\[2mm]
\text{s.t.} \sum_{j=1}^{n} a_{ij} y_j \leqslant v_1 \quad (i = 1, 2, \cdots, m) \\[2mm]
\sum_{i=1}^{m} b_{ij} x_i \leqslant v_2 \quad (j = 1, 2, \cdots, n) \\[2mm]
\sum_{i=1}^{m} x_i = 1 \\[2mm]
\sum_{j=1}^{n} y_j = 1 \\[2mm]
x_i \geqslant 0 \quad (i = 1, 2, \cdots, m) \\[2mm]
y_j \geqslant 0 \quad (j = 1, 2, \cdots, n)
\end{cases}
$$

若 x^*, y^*, v_1^*, v_2^* 是该二次规划问题的最优解，则 (x^*, y^*) 为 G 的纳什均衡，且

$$E_1(x^*, y^*) = v_1^*, \quad E_2(x^*, y^*) = v_2^*$$

10.2　使用 WinQSB 软件求解二人零和有限博弈问题

WinQSB 软件只能够求解二人零和有限博弈问题，利用"Decision Analysis"模块可建立二人零和有限博弈模型并求解。只需要输入局中人的策略个数和支付矩阵，就可以求解得到问题的纳什均衡。

10.2.1　实验目的

（1）熟悉 WinQSB 软件求解二人零和有限博弈问题的方法步骤，理解其输出的结果。

（2）通过使用 WinQSB 软件求解二人零和有限博弈问题，进一步理解相关理论知识。

10.2.2　实验内容

例 10.1　田忌赛马是发生在我国战国时期的故事。当时，齐王和田忌赛马，双方各出三匹马，分别为上等马、中等马、下等马各一匹。双方约定，每次选一匹马来比赛，输者付给胜者 1 千两黄金。不同等级的马相差非常悬殊，而同等级的马，齐王的比田忌的都要强。求解田忌赛马问题的一个纳什均衡。

在该问题中，齐王和田忌均有 6 个策略：（上中下）、（上下中）、（中上下）、（中下上）、（下中上）、（下上中）。记齐王为局中人 1，田忌为局中人 2，他们的 6 个策略分别记为 α_1，α_2，α_3，α_4，α_5，α_6 和 β_1，β_2，β_3，β_4，β_5，β_6，则齐王的支付矩阵为

$$\begin{bmatrix} 3 & 1 & 1 & 1 & 1 & -1 \\ 1 & 3 & 1 & 1 & -1 & 1 \\ 1 & -1 & 3 & 1 & 1 & 1 \\ -1 & 1 & 1 & 3 & 1 & 1 \\ 1 & 1 & -1 & 1 & 3 & 1 \\ 1 & 1 & 1 & -1 & 1 & 3 \end{bmatrix}$$

利用 WinQSB 软件求解二人零和有限博弈问题的具体步骤如下。

（1）启动程序，选择"Decision Analysis"模块。选择"开始"→"程序"→"WinQSB"→"Decision Analysis"菜单命令，"Decision Analysis"工作界面如图 10-1 所示。

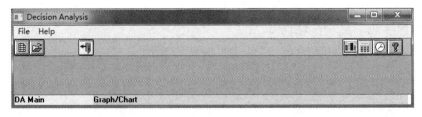

图 10-1　"Decision Analysis"工作界面

（2）建立新问题。选择"File"→"New Problem"菜单命令，出现新建问题对话框，如图10-2所示。

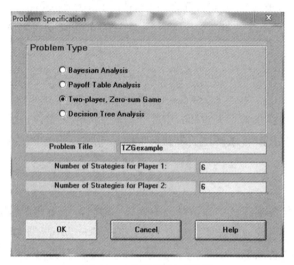

图 10-2　新建问题对话框

在该对话框中，在"Problem Type"选区选中"Two-player, Zero-sum Game"单选按钮，再依次输入问题标题，局中人1的策略个数为6，局中人2的策略个数为6。单击"OK"按钮生成问题输入界面。

（3）输入数据。在表格中输入支付矩阵，如图10-3所示。

Player1 \ Player2	Strategy2-1	Strategy2-2	Strategy2-3	Strategy2-4	Strategy2-5	Strategy2-6
Strategy1-1	3	1	1	1	1	-1
Strategy1-2	1	3	1	1	-1	1
Strategy1-3	1	-1	3	1	1	1
Strategy1-4	-1	1	1	3	1	1
Strategy1-5	1	1	-1	1	3	1
Strategy1-6	1	1	1	-1	1	3

图 10-3　在表格中输入支付矩阵

（4）求解并显示结果。选择"Solve and Analyze"→"Solve the Problem"菜单命令，得到田忌赛马问题的求解结果，如图10-4所示。

由求解结果可知，找到该问题的一个混合策略纳什均衡

$$\left((0,\frac{1}{3},\frac{1}{3},0,\frac{1}{3},0),(0,\frac{1}{3},\frac{1}{3},0,\frac{1}{3},0)\right)$$

此时齐王的期望支付为1，即博弈的值 $v_G = 1$。同时，求解结果中还给出了局中人各个策略是否被优超的分析结果。

11-23-2017	Player	Strategy	Dominance	Elimination Sequence
1	1	Strategy1-1	Not Dominated	
2	1	Strategy1-2	Not Dominated	
3	1	Strategy1-3	Not Dominated	
4	1	Strategy1-4	Not Dominated	
5	1	Strategy1-5	Not Dominated	
6	1	Strategy1-6	Not Dominated	
7	2	Strategy2-1	Not Dominated	
8	2	Strategy2-2	Not Dominated	
9	2	Strategy2-3	Not Dominated	
10	2	Strategy2-4	Not Dominated	
11	2	Strategy2-5	Not Dominated	
12	2	Strategy2-6	Not Dominated	
	Player	Strategy	Optimal Probability	
1	1	Strategy1-1	0	
2	1	Strategy1-2	0.33	
3	1	Strategy1-3	0.33	
4	1	Strategy1-4	0	
5	1	Strategy1-5	0.33	
6	1	Strategy1-6	0	
1	2	Strategy2-1	0	
2	2	Strategy2-2	0.33	
3	2	Strategy2-3	0.33	
4	2	Strategy2-4	0	
5	2	Strategy2-5	0.33	
6	2	Strategy2-6	0	
	Expected	Payoff	for Player 1 =	1.00

图 10-4　田忌赛马问题的求解结果

例 10.2　两个人互相独立地从 1、2、3 这 3 个数字中任意选择一个数字。如果二人所写数字之和为偶数，则局中人 2 付给局中人 1 数量为此和数的报酬；如果二人所写数字之和为奇数，则局中人 1 付给局中人 2 数量为此和数的报酬。求解此博弈问题的纳什均衡。

在该问题中，局中人 1 和局中人 2 均有 3 个策略，策略集为 $S_1 = S_2 = \{1, 2, 3\}$，他们的 3 个策略分别记为 α_1，α_2，α_3 和 β_1，β_2，β_3，则局中人 1 的支付矩阵为

$$\begin{bmatrix} 2 & -3 & 4 \\ -3 & 4 & -5 \\ 4 & -5 & 6 \end{bmatrix}$$

按照例 10.1 的步骤，建立二人零和博弈新问题，输入局中人 1 的策略个数 3，局中人 2 的策略个数 3。再输入例 10.2 的支付矩阵，如图 10-5 所示。

Player1 \ Player2	Strategy2-1	Strategy2-2	Strategy2-3
Strategy1-1	2	-3	4
Strategy1-2	-3	4	-5
Strategy1-3	4	-5	6

图 10-5　输入例 10.2 的支付矩阵

选择 "Solve and Analyze" → "Solve the Problem" 菜单命令，得到例 10.2 的求解结果，如图 10-6 所示。

图 10-6　例 10.2 的求解结果

由求解结果可知，找到该博弈问题的一个混合策略纳什均衡

$$\left(\left(\frac{1}{4},\frac{1}{2},\frac{1}{4}\right),\left(\frac{1}{4},\frac{1}{2},\frac{1}{4}\right)\right)$$

此时局中人 1 的期望支付为 0，即博弈的值 $v_G = 0$。

这两个例子中的博弈问题均没有纯策略纳什均衡，WinQSB 软件给出了博弈问题的混合策略纳什均衡。如果博弈问题存在纯策略纳什均衡，WinQSB 软件会直接给出纯策略意义下的解。

例 10.3　甲、乙两人在互不知道的情况下，各在纸上写-1、0、1 三个数字中的任意一个。假设甲所写为 s，乙所写为 t，则答案公布后乙付给甲 $s(t-s)+t(t+s)$元钱。求解此博弈问题的纳什均衡。

在该问题中，局中人 1 和局中人 2 均有三个策略，策略集为 $S_1 = S_2 = \{-1, 0, 1\}$，他们的三个策略分别记为 α_1，α_2，α_3 和 β_1，β_2，β_3，则局中人 1 的支付矩阵为

$$\begin{bmatrix} 2 & -1 & -2 \\ 1 & 0 & 1 \\ -2 & -1 & 2 \end{bmatrix}$$

在 WinQSB 软件中输入例 10.3 的支付矩阵，如图 10-7 所示。

Player1 \ Player2	Strategy2-1	Strategy2-2	Strategy2-3
Strategy1-1	2	-1	-2
Strategy1-2	1	0	1
Strategy1-3	-2	-1	2

图 10-7　输入例 10.3 的支付矩阵

选择 "Solve and Analyze" → "Solve the Problem" 菜单命令，得到例 10.3 的求解结果，如图 10-8 所示。

由求解结果可知，该博弈问题存在纯策略纳什均衡为 (α_2, β_2)，即 $(0,0)$。博弈的值 $v_G = 0$。

11-24-2017	Player	Strategy	Dominance	Elimination Sequence
1	1	Strategy1-1	Not Dominated	
2	1	Strategy1-2	Not Dominated	
3	1	Strategy1-3	Not Dominated	
4	2	Strategy2-1	Not Dominated	
5	2	Strategy2-2	Not Dominated	
6	2	Strategy2-3	Not Dominated	
***	Saddle	Point	(Equilibrium)	is Achieved!!
	The Best	Pure	Strategy for Player 1:	Strategy1-2
	The Best	Pure	Strategy for Player 2:	Strategy2-2
	Stable	Payoff	for Player 1 =	0
	It	is a	Fair	Game!!!

图 10-8　例 10.3 的求解结果

10.3　使用 Lingo 软件求解二人有限博弈问题

求解二人零和有限博弈问题的纳什均衡等价于求解一对互为对偶的线性规划问题的最优解。求解二人非零和有限博弈问题的纳什均衡可等价转化为求解二次规划问题的最优解。因此，可以利用 Lingo 软件求解与博弈等价的规划问题，进而得到博弈问题的均衡。

10.3.1　实验目的

（1）熟悉求解二人零和有限博弈问题的线性规划方法，并能利用 Lingo 软件求解得到博弈问题的均衡。

（2）熟悉求解二人非零和有限博弈问题的二次规划方法，并能利用 Lingo 软件求解得到博弈问题的均衡。

10.3.2　实验内容

例 10.4　利用 Lingo 软件求解田忌赛马问题的一个纳什均衡。

1. 方法 1

考虑如下两个互为对偶的线性规划问题。

$$(P)\begin{cases} \max\ w \\ \text{s.t. } 3x_1 + x_2 + x_3 - x_4 + x_5 + x_6 \geqslant w \\ \quad x_1 + 3x_2 - x_3 + x_4 + x_5 + x_6 \geqslant w \\ \quad x_1 + x_2 + 3x_3 + x_4 - x_5 + x_6 \geqslant w \\ \quad x_1 + x_2 + x_3 + 3x_4 + x_5 - x_6 \geqslant w \\ \quad x_1 - x_2 + x_3 + x_4 + 3x_5 + x_6 \geqslant w \\ \quad -x_1 + x_2 + x_3 + x_4 + x_5 + 3x_6 \geqslant w \\ \quad x_1 + x_2 + x_3 + x_4 + x_5 + x_6 = 1 \\ \quad x_i \geqslant 0 \quad (i = 1, 2, \cdots, m) \end{cases}$$

和

$$(D) \begin{cases} \min \ v \\ \text{s.t.} \ 3y_1 + y_2 + y_3 + y_4 + y_5 - y_6 \leqslant v \\ \quad\ y_1 + 3y_2 + y_3 + y_4 - y_5 + y_6 \leqslant v \\ \quad\ y_1 - y_2 + 3y_3 + y_4 + y_5 + y_6 \leqslant v \\ \quad\ -y_1 + y_2 + y_3 + 3y_4 + y_5 + y_6 \leqslant v \\ \quad\ y_1 + y_2 - y_3 + y_4 + 3y_5 + y_6 \leqslant v \\ \quad\ y_1 + y_2 + y_3 - y_4 + y_5 + 3y_6 \leqslant v \\ \quad\ y_1 + y_2 + y_3 + y_4 + y_5 + y_6 = 1 \\ \quad\ y_j \geqslant 0 \quad (j = 1, 2, \cdots, n) \end{cases}$$

在 Lingo 软件中输入其中一个问题，如输入问题(P)，如图 10-9 所示。

选择"LINGO"→"Solve"菜单命令或者单击工具栏中的 🔘 按钮，得到线性规划问题(P)的求解结果，如图 10-10 所示。

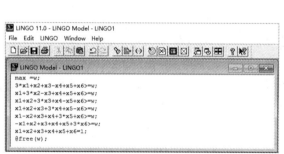

图 10-9　在 Lingo 软件中输入问题(P)

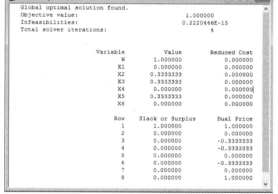

图 10-10　线性规划问题(P)的求解结果

由求解结果可知，线性规划问题(P)的最优解为

$$x^* = \left(0, \frac{1}{3}, \frac{1}{3}, 0, \frac{1}{3}, 0\right), \quad w^* = 1$$

对偶问题(D)的最优解为

$$y^* = \left(0, \frac{1}{3}, \frac{1}{3}, 0, \frac{1}{3}, 0\right), \quad v^* = 1$$

因此，得到田忌赛马问题的一个混合策略纳什均衡：

$$\left(\left(0, \frac{1}{3}, \frac{1}{3}, 0, \frac{1}{3}, 0\right), \left(0, \frac{1}{3}, \frac{1}{3}, 0, \frac{1}{3}, 0\right)\right)$$

此时齐王的期望支付为 1，即博弈的值 $v_G = 1$。

在输入线性规划问题(P)时，也可以利用 Lingo 软件的建模语言，线性规划问题(P)的 Lingo 程序如图 10-11 所示。

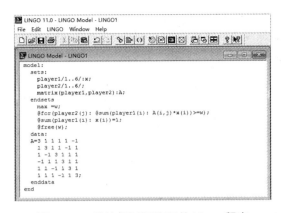

图 10-11　线性规划问题(P)的 Lingo 程序

2. 方法 2

在田忌赛马问题中，齐王的支付矩阵中有负数，将支付矩阵中各元素都加上 1，得到新的支付矩阵：

$$
\begin{bmatrix}
4 & 2 & 2 & 2 & 2 & 0 \\
2 & 4 & 2 & 2 & 0 & 2 \\
2 & 0 & 4 & 2 & 2 & 2 \\
0 & 2 & 2 & 4 & 2 & 2 \\
2 & 2 & 0 & 2 & 4 & 2 \\
2 & 2 & 2 & 0 & 2 & 4
\end{bmatrix}
$$

考虑如下两个互为对偶的线性规划问题：

$$
(\text{P}')\begin{cases}
\min z = x_1 + x_2 + x_3 + x_4 + x_5 + x_6 \\
\text{s.t. } 4x_1 + 2x_2 + 2x_3 + 2x_5 + 2x_6 \geqslant 1 \\
\quad\ \ 2x_1 + 4x_2 + 2x_4 + 2x_5 + 2x_6 \geqslant 1 \\
\quad\ \ 2x_1 + 2x_2 + 4x_3 + 2x_4 + 2x_6 \geqslant 1 \\
\quad\ \ 2x_1 + 2x_2 + 2x_3 + 4x_4 + 2x_5 \geqslant 1 \\
\quad\ \ 2x_1 + 2x_3 + 2x_4 + 4x_5 + 2x_6 \geqslant 1 \\
\quad\ \ 2x_2 + 2x_3 + 2x_4 + 2x_5 + 4x_6 \geqslant 1 \\
\quad\ \ x_i \geqslant 0 \quad (i = 1, 2, \cdots, m)
\end{cases}
$$

和

$$
(\text{D}')\begin{cases}
\max \omega = y_1 + y_2 + y_3 + y_4 + y_5 + y_6 \\
\text{s.t. } 4y_1 + 2y_2 + 2y_3 + 2y_4 + 2y_5 \leqslant 1 \\
\quad\ \ 2y_1 + 4y_2 + 2y_3 + 2y_4 + 2y_6 \leqslant 1 \\
\quad\ \ 2y_1 + 4y_3 + 2y_4 + 2y_5 + 2y_6 \leqslant 1 \\
\quad\ \ 2y_2 + 2y_3 + 4y_4 + 2y_5 + 2y_6 \leqslant 1 \\
\quad\ \ 2y_1 + 2y_2 + 2y_4 + 4y_5 + 2y_6 \leqslant 1 \\
\quad\ \ 2y_1 + 2y_2 + 2y_3 + 2y_5 + 4y_6 \leqslant 1 \\
\quad\ \ y_j \geqslant 0 \quad (j = 1, 2, \cdots, n)
\end{cases}
$$

在 Lingo 软件中输入其中的一个问题，如问题 (D′)，如图 10-12 所示。

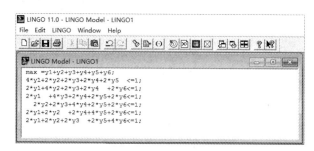

图 10-12　在 Lingo 软件中输入问题 (D′)

选择"Lingo"→"Solve"菜单命令或者单击工具栏中的 ⊚ 按钮，得到线性规划问题 (D′) 的求解结果，如图 10-13 所示。

由求解结果可知，线性规划问题 (D′) 的最优解为

$$\tilde{y}^* = \left(0, \frac{1}{6}, \frac{1}{6}, 0, \frac{1}{6}, 0\right)$$

最优值 $\tilde{z}^* = \frac{1}{2}$。线性规划问题 (P′) 的最优解为

$$\tilde{x}^* = \left(0, \frac{1}{6}, \frac{1}{6}, 0, \frac{1}{6}, 0\right)$$

```
Solution Report - LINGO1
  Global optimal solution found.
  Objective value:                    0.5000000
  Infeasibilities:                    0.000000
  Total solver iterations:                   4

         Variable           Value       Reduced Cost
               Y1        0.000000           0.000000
               Y2        0.1666667          0.000000
               Y3        0.1666667          0.000000
               Y4        0.000000           0.000000
               Y5        0.1666667          0.000000
               Y6        0.000000           0.000000

              Row   Slack or Surplus        Dual Price
                1        0.5000000          1.000000
                2        0.000000           0.000000
                3        0.000000           0.1666667
                4        0.000000           0.1666667
                5        0.000000           0.000000
                6        0.000000           0.1666667
                7        0.000000           0.000000
```

图 10-13　线性规划问题 (D′) 的求解结果

令

$$\boldsymbol{x}^* = \frac{\tilde{\boldsymbol{x}}^*}{\frac{1}{2}} = \left(0, \frac{1}{3}, \frac{1}{3}, 0, \frac{1}{3}, 0\right), \quad \boldsymbol{y}^* = \frac{\tilde{\boldsymbol{y}}^*}{\frac{1}{2}} = \left(0, \frac{1}{3}, \frac{1}{3}, 0, \frac{1}{3}, 0\right)$$

则 $(\boldsymbol{x}^*, \boldsymbol{y}^*)$ 为田忌赛马问题的一个纳什均衡，且博弈的值为

$$v_G = \frac{1}{\sum\limits_{i=1}^{m} \tilde{x}_i^*} - 1 = 1$$

例 10.5　利用 Lingo 求解例 10.2 中博弈问题的一个纳什均衡。

求解该博弈等价于求解下面一对互为对偶的线性规划问题。

$$(P) \begin{cases} \max w \\ \text{s.t. } 2x_1 - 3x_2 + 4x_3 \geqslant w \\ \quad -3x_1 + 4x_2 - 5x_3 \geqslant w \\ \quad 4x_1 - 5x_2 + 6x_3 \geqslant w \\ \quad x_1 + x_2 + x_3 = 1 \\ \quad x_i \geqslant 0, \ i = 1, 2, \cdots, m \end{cases}$$

和

$$(D) \begin{cases} \min v \\ \text{s.t. } 2y_1 - 3y_2 + 4y_3 \leqslant v \\ \quad -3y_1 + 4y_2 - 5y_3 \leqslant v \\ \quad 4y_1 - 5y_2 + 6y_3 \leqslant v \\ \quad y_1 + y_2 + y_3 = 1 \\ \quad y_j \geqslant 0, \ j = 1, 2, \cdots, n \end{cases}$$

在 Lingo 中输入问题(P)，如图 10-14 所示。

单击"Lingo→Solve"或者快捷键 ⊚，得到线性规划问题(P)的求解结果，见图 10-15。

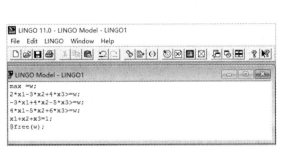

图 10-14　在 Lingo 中输入问题(P)

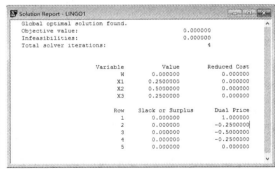

图 10-15　问题(P)的求解结果

由求解结果，可以得到该博弈的一个混合策略纳什均衡

$$\left((\frac{1}{4}, \frac{1}{2}, \frac{1}{4}), (\frac{1}{4}, \frac{1}{2}, \frac{1}{4}) \right)$$

博弈的值 $v_G = 0$。

例 10.6　利用 Lingo 求解二人非零和有限博弈 $G = \{S_1, S_2; A, B\}$ 的一个纳什均衡，其中策略集 $S_1 = \{\alpha_1, \alpha_2, \alpha_3\}$，$S_2 = \{\beta_1, \beta_2, \beta_3, \beta_4\}$，支付矩阵

$$A = \begin{pmatrix} 2 & -3 & 0 & 6 \\ 4 & 9 & -4 & 7 \\ 3 & -1 & 1 & 6 \end{pmatrix}, \quad B = \begin{pmatrix} 4 & 7 & 5 & -10 \\ 2 & -3 & 4 & -1 \\ 3 & 4 & -2 & 5 \end{pmatrix}$$

考虑相应的二次规划问题

$$\begin{aligned}
\max \quad f = {} & 2x_1y_1 - 3x_1y_2 + 0x_1y_3 + 6x_1y_4 + 4x_2y_1 + 9x_2y_2 - 4x_2y_3 + 7x_2y_4 \\
& + 3x_3y_1 - x_3y_2 + x_3y_3 + 6x_3y_4 + 4x_1y_1 + 7x_1y_2 + 5x_1y_3 - 10x_1y_4 \\
& + 2x_2y_1 - 3x_2y_2 + 4x_2y_3 - x_2y_4 + 3x_3y_1 + 4x_3y_2 - 2x_3y_3 + 5x_3y_4 \\
& - v_1 - v_2
\end{aligned}$$

$$\text{s.t.} \begin{cases}
2y_1 - 3y_2 + 6y_4 \leqslant v_1 \\
4y_1 + 9y_2 - 4y_3 + 7y_4 \leqslant v_1 \\
3y_1 - y_2 + y_3 + 6y_4 \leqslant v_1 \\
4x_1 + 2x_2 + 3x_3 \leqslant v_2 \\
7x_1 - 3x_2 + 4x_3 \leqslant v_2 \\
5x_1 + 4x_2 - 2x_3 \leqslant v_2 \\
-10x_1 - x_2 + 5x_3 \leqslant v_2 \\
x_1 + x_2 + x_3 = 1 \\
y_1 + y_2 + y_3 + y_4 = 1 \\
x_i \geqslant 0, i = 1,2,3 \\
y_j \geqslant 0, j = 1,2,3,4
\end{cases}$$

将目标函数 f 整理后，在 Lingo 中输入该二次规划问题，见图 10-16。

单击"Lingo→Options"，在"Global Solver"选项卡上选中"Use Global Solver"，再单击"Lingo→Solve"或者快捷键⊙，得到该二次规划问题的求解结果，见图 10-17。

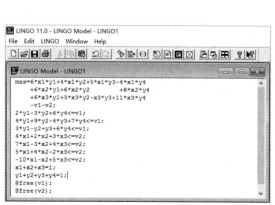

图 10-16　在 Lingo 中输入二次规划问题　　　图 10-17　二次规划问题的求解结果

由求解结果知，该二次规划问题的最优解为

$$\boldsymbol{x}^* = (0, \frac{5}{7}, \frac{2}{7}), \ \boldsymbol{y}^* = (\frac{5}{6}, 0, \frac{1}{6}, 0), \ v_1^* = \frac{8}{3}, \ v_2^* = \frac{16}{7}$$

因此，得到该博弈的一个混合策略纳什均衡

$$\left((0, \frac{5}{7}, \frac{2}{7}), (\frac{5}{6}, 0, \frac{1}{6}, 0) \right)$$

且

$$E_1(\boldsymbol{x}^*, \boldsymbol{y}^*) = \frac{8}{3}, \ E_2(\boldsymbol{x}^*, \boldsymbol{y}^*) = \frac{16}{7}$$

需要注意的是，在该博弈中，局中人存在劣策略，因此也可以通过重复删除劣策略对博弈进行简化后，再将其转化为二次规划问题求解。

练 习

1. 甲乙二人玩石头剪刀布游戏，规则：剪刀赢布，布赢石头，石头赢剪刀，赢者得一分。若双方所出相同，均不得分。列出该问题的支付矩阵，并求该博弈问题的纳什均衡。

2. 甲乙二人玩猜左右手游戏，一个人首先将物品藏于一只手中，另一个人猜是放于左手还是右手，猜中了赢 1 元，猜错了输 1 元。列出该问题的支付矩阵，并求该博弈问题的纳什均衡。

3. 求解矩阵博弈的纳什均衡，其中支付矩阵 $\boldsymbol{A}$ 分别如下所示。

（1）$\begin{bmatrix} -1 & 2 & 1 \\ 1 & -2 & 2 \\ 3 & 4 & -3 \end{bmatrix}$; 　　　　（2）$\begin{bmatrix} 2 & 7 & 2 & 1 \\ 2 & 2 & 3 & 4 \\ 3 & 5 & 4 & 4 \\ 2 & 3 & 1 & 6 \end{bmatrix}$;

（3）$\begin{bmatrix} 3 & -2 & 4 \\ -1 & 4 & 2 \\ 2 & 2 & 6 \end{bmatrix}$; 　　　（4）$\begin{bmatrix} 2 & 4 & 0 & -2 \\ 4 & 8 & 2 & 6 \\ -2 & 0 & 4 & 2 \\ -4 & -2 & -2 & 0 \end{bmatrix}$。

4. 一小偷欲偷窃，有一守卫看守仓库，如果小偷偷窃时守卫在睡觉，则小偷就能得手，偷得价值为 1 的赃物；如果小偷偷窃时守卫没有睡觉，则小偷就会被抓。设小偷被抓住后要坐牢，负效用为-2；守卫睡觉而未遭偷窃有 2 的正效用；因睡觉被窃要被解雇，其负效用为-1。而如果小偷不偷，则他们既无得也无失；守卫不睡意味着出一份力挣一分钱，他也没有得失。求此博弈问题的纳什均衡。

5. 求双矩阵博弈 $G = \{S_1, S_2; \boldsymbol{A}, \boldsymbol{B}\}$ 的纳什均衡，其中

$$\boldsymbol{A} = \begin{bmatrix} 1 & 2 & 3 \\ 2 & 0 & 1 \\ 2 & 3 & 0 \end{bmatrix}, \ \boldsymbol{B} = \begin{bmatrix} 1 & 0 & -1 \\ 0 & 2 & 1 \\ 0 & -1 & -2 \end{bmatrix}$$

参 考 文 献

[1] 邱菀华，冯允成，魏法杰，等．运筹学教程．北京：机械工业出版社，2004.

[2] 胡运权．运筹学基础及应用．5 版．北京：高等教育出版社，2008.

[3] 韩伯棠．管理运筹学．3 版．北京：高等教育出版社，2010.

[4] 熊伟．运筹学．北京：机械工业出版社，2005.

[5] 薛毅，耿美英．运筹学与实验．北京：电子工业出版社，2008.

[6] 张杰，周硕，郭丽杰．运筹学模型与实验．北京：中国电力出版社，2007.

[7] 王翼．MATLAB 基础及在运筹学中的应用．北京：机械工业出版社，2012.

[8] 吴祈宗，郑志勇，邓伟．运筹学与最优化 MATLAB 编程．北京：机械工业出版社，2009.

[9] 杨杰，赵晓晖．数学软件与数学实验．北京：清华大学出版社，2011.

[10] 王正东．数学软件与数学实验．2 版．北京：科学出版社，2010.

[11] 汪晓银，邹庭荣，周保平．数学软件与数学实验．2 版．北京：科学出版社，2010.

[12] 李牧南．运筹学实验教程——典型的建模、计算方法及软件使用．广州：华南理工大学出版社，2008.

[13] 袁新生，邵大宏，郁时炼．LINGO 和 Excel 在数学建模中的应用．北京：科学出版社，2007.

[14] 谢金星，薛毅．优化建模与 LINDO / LINGO 软件．北京：清华大学出版社，2005.